大師如何設計
最節能的生態綠住宅
Can you passive-house it？

東北藝術工科大學 教授
竹內昌義
PASSIVE HOUSE JAPAN 創立者
森美和

瑞昇文化

序言

有助於實現「舒適‧節能‧設計」的基礎 知識

我們不能毫無顧忌地消耗家中的能源

　東日本大地震發生後，日本陷入了不得不重新思考「我們過去覺得不太需要特別注意的能源問題」的狀況。

　「只要使用深夜電力，就能節省能源」這個想法也要以「核電廠有在運作」為前提，而且這項根基目前正在動搖。如果同時再考慮從以前就存在的「地球暖化問題」、「資源枯竭問題」等的話，節能就是一個無法避免的課題。

　只要從能源的觀點來看，我們就會變得無法忽視「家中會消耗多少能源呢」這個問題。在這種情況，我們要如何生活才算是適當呢？

　事到如今，我們無法再回到以前的生活了，而且我們應該也無法過著強迫自己忍耐的生活吧！今後，透過智慧、巧思、技術，人們會創造出「不會浪費能源，且能夠讓人過得很舒適」的住宅。此書彙整了許多用於實現這項目標的基礎知識。

　話雖如此，我認為「不斷地在家中裝設機械設備與重型設備」並非適當的答案。同時，無論從全球觀點來看，還是從節能效果的角度來看，現今的「次世代節能標準」都不能稱之為完善。因為這項標準並沒有取得節能與舒適性的平衡。

環保是用來「擴大住宅設計的可能性」的其中一項手段

　我認為，環保並不會限制住宅設計，而是一種能夠擴大設計可能性的因素。設計不會成為節能的犧牲品，而是一種「能夠整合住宅功能與環境」的手段。

　舉例來說，透過追求節能，我們可以創造開放式的空間，並在周遭環境創造樸實的風格或形式。在本書中，我們會呈現這些具體重點。

我們想出來的 10 項生態住宅觀念！

「生態住宅」這個詞彙充斥於社會，人們總是非常地草率地使用這個詞彙。因此，我們在製作此書時，重新討論了「生態住宅」應有的狀態與目標。森美和女士從德國引進名為「被動式節能屋」(P84)的超節能住宅，並在全國各地發展

1 資源是有限的

首先，「地球的資源是有限的」這點是大前提。因為，「到目前為止，電費都很便宜，所以就算使用很多電也無妨喔」這種觀念是錯誤的。讓我們透過「資源是有限的」這一點來思考住宅設計吧！今後，人們會認為，使用少量能源的生活才叫棒。

2 過去的住宅使用了太多能源

舉例來說，與昔日相比，空調設備的性能雖然大幅提昇，但大家為了追求那種不完善的舒適功能卻不斷地使用能源——但是，那樣做反而不環保。也就是說，過去的住宅使用太多能源了。關於這點，即使關掉暖氣，生態住宅也是能暫時維持很溫暖的溫度！

3 生態住宅是低科技的大成

我們也可以說，生態住宅其實就是「紮實方法的綜合體」，對吧！換句話說，就是「低科技的大成」。骨架與設備的最佳依賴度分別為7：3左右。人們討論新建住宅時，往往很關注設備機器，但「盡量降低設備依賴度」才是重點。

4 比起設備，住宅空間的基本性能更加重要

有些設備可以之後再加裝。更加重要的是，在我們所設計的生態住宅中，「蓋新居時，先好好地完成隔熱措施與窗框等之後很難改變的部分」這一點是不可或缺的。也就是說，一開始我們就應該創造具有價值的「住宅空間基本性能」。

5 不要靠直覺判斷性能(次世代節能Q值－1.0)

我們認為，在名為生態住宅的住家中，住宅空間的基本性能需要達到「次世代節能標準的Q值－1.0」這種程度。性能頂尖的住宅空間則是「被動式節能屋」(P84)。

日本獨特的生態住宅。最近幾年，竹內昌義先生以山形的建案為契機開始關注「環保」，而且之後也蓋了許多生態住宅。馬場正尊先生組織了東北藝術工科大學的團隊，「我們想出來的10項生態住宅觀念」就是他們所完成的。

6 雖然不用忍耐，但需要適度的調節

真正的生態住宅指的是「雖然不會叫居民忍耐，但會要求居民進行適度調整」的住宅。「只是靜靜地待著，就令人感到相當舒適的住宅」不是生態住宅。如同人類會透過衣服調整，「居民會一邊因應寒冷、炎熱等住宅環境的變化，一邊親自進行調整」的住宅才是理想的生態住宅。

7 「只靠一台空調設備就能提供冷暖氣的住宅」是我們的目標

震災後，雖然很多人開始追求自給自足、類似「能夠抵抗災害的住宅」，但我們必須將這點分開來思考。儘管太陽能板、蓄電池等各種設備受到關注，不過，實際上，思考「不過度依賴機器設備的住宅」這個目標還是很重要。我們的目標是——只靠一台空調設備就能提供冷暖氣的住宅！

8 住宅、都市與自然環境的共存關係

沒錯，我們完全沒必要透過單一住宅進行自給自足。因為，住宅總是會與地球及周遭環境產生關聯。重點在於，住宅不是獨立的，而是要與都市的基礎建設及周遭的自然環境和諧共存。

9 日照‧通風很重要

只要一提到「在維持生態住宅的要素中，什麼是最重要的呢」這個問題，我們最想提出的就是「自然的日照與通風」，這點所利用的就是「空氣的流動」。雖然這點非常困難，但我們還是希望大家在設計住宅時，能夠考慮這一點。

10 環保不會限制設計

雖然說著「在生態住宅中，這個是必要的，一定要這樣做才行」這種話，而且將環保作為設計目標的設計師似乎也持續增加當中，但是，「環保」並非住宅的目標或目的，而是整個住宅中的一小部分。因此，環保並不會限制設計。倒不如說，設計領域的詞彙會因為環保而持續增加。

目次

第 1 章　透過建築能夠做到的事

首先，來學習關於人們所居住的「住宅空間」的基礎
吧！我們會談論「如何透過生態住宅的觀點來理解地點
選擇、預算、房間配置這些基礎知識」，以及「用來提
昇建築物本身的隔熱性能與氣密性等性能的基本觀點與
技術」。而且，我們也會說明「如何兼顧高性能的生態
住宅與設計」這一點。在家中生活時，室內的空氣流動
與整個空間都會令人感到非常舒適。我們的目標就是兼
顧那種舒適性與設計性。

為了讓居民與建築師擁有共通的價值觀

■ 所謂的環保，要從何處著手才好呢？

我們在向居民詢問關於住宅建築的要求時，會遇到「何謂生態住宅」這個主題（當然，一開始就想談論此話題的人也不少）。如此一來，各種關鍵字就會突然開始隨機地交錯在一起。像是「太陽能發電是不可或缺的」、「窗戶要用三層式玻璃」、「想要用國產建材來蓋」、「Q值最低要多少才行」、「用人造板蓋的住宅環保嗎？」…等等。那樣的話，我們也會變得不知該從何處說起。

因此，我們會製作用來談論生態住宅的環保思維導圖（右頁）。在此圖中，我們會依照各階層來整理「圍繞著建築的各種環保關鍵字」，並在環保的全貌中顯示各個關鍵字的定位。由於如果想要減少與「完成建築，並住在該處」這種行為有關的所有能源的話，就必須透過建築物的生命週期來掌握能源消耗量，所以我們會將「建造·拆除建築物時（初期成本）的環保關鍵字」整理在圖下方的小圓群組中，並將「完成後的建築物在使用時（運作成本）的環保關鍵字」整理在上方大圓內的群組中。

舉例來說，在圖中，我們會用「◯粗框圓圈」來表示「由國產建材製成的窗框」的製造意義。我們會了解到，透過使用國產建材，不僅能對「隔熱性能、氣密性等建築物的被動式設計」做出貢獻，同時還能夠期待「削減碳足跡的效果」與「延長建築物本身壽命的效果」。

只要眺望這張思維導圖，此圖就會成為一個契機，讓我們得知「想要實現同一個環保目標時，還有其他許多方法」，以及「自己完全沒有意識到的概念是存在的」。雖說如此，我們認為，要實現此處所列舉出的所有項目是很困難的，而且我們恐怕也沒有必要在一項房地產中網羅所有項目。這跟「1天以30種食物為目標，均衡地攝取養分吧！」的食品成分表很類似，理想的方法為，一邊觀察預算與整體的節能效果，一邊進行均衡的選擇。也就是說，即使如此，各個房地產還是會有「絕對要使用太陽能發電」、「無法放棄土牆」之類的優先順序。

在有限的預算中，我們也可以透過此環保思維導圖來區別「只能現在做的事」、「可以之後再補充的項目」，並分配優先順序的號碼。我們認為，透過這種方法，居民能夠與建築師一起整理「關於生態住宅的想法」，而且此方法也有助於我們思考「營造各個房地產的環保特徵」這一點。

■ 伴隨著忍耐的環保不會長存

今後，此環保思維導圖中也可能會出現新的關鍵字。不過，如果此圖中只存在一個會被刻意排除在外的關鍵字的話，那就是名為「忍耐」的關鍵字。即使是既健康又具有高度意識的人，也無法長期持續採取那種「會伴隨著忍耐的節能·環保措施」。而且，我們無論如何都無法強迫所有人。我們不應透過忍耐來實現節能，為了讓節能普及化，「節能的結果能夠實現比現在更加健康、舒適，而且可以稱作真正的富裕的生活」這一點是不可或缺的。因此，在本章的一開始，我們想要先試著來思考關於住宅的健康與舒適度的問題。

環保思維導圖

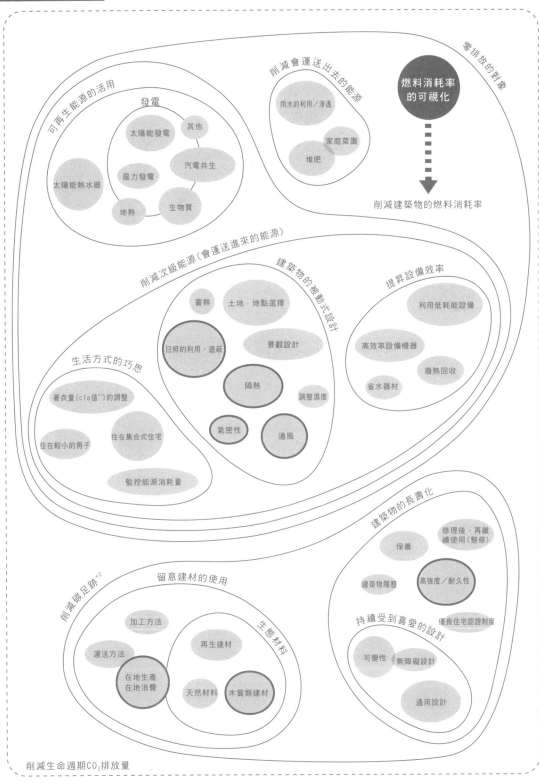

零排放的對象

可再生能源的活用

發電

太陽能發電　其他

風力發電　汽電共生

太陽能熱水器

地熱　生物質

削減會運送出去的能源

雨水的利用／滲透

家庭菜園

堆肥

燃料消耗率的可視化

↓

削減建築物的燃料消耗率

削減次級能源(會運送進來的能源)

建築物的被動式設計

蓄熱　土地・地點選擇

日照的利用・遮蔽　景觀設計

隔熱

調整濕度

氣密性　通風

提昇設備效率

利用低耗能設備

高效率設備機器

廢熱回收

省水器材

生活方式的巧思

著衣量(clo值[1])的調整

住在較小的房子　住在集合式住宅

監控能源消耗量

建築物的長壽化

修理後,再繼續使用(整修)

保養

建築物履歷　高強度／耐久性

持續受到喜愛的設計

可變性　無障礙設計

優良住宅認證制度

通用設計

削減碳足跡[2]

留意建材的使用

加工方法

運送方法

在地生產在地消費

再生建材

天然材料　木質類建材

生態材料

削減生命週期CO$_2$排放量

*1 clo值:用來表示著衣量的單位。數值越大,就表示衣服穿得越多。舉例來說,在冬天,透過披上一件上衣,就能降低室溫的設定溫度。

*2 碳足跡(Carbon footprint):建材或建築製造完成前所消耗的能源量。footprint的意思是足跡。

例: ◯ 「粗框圓圈」 表示積極地利用國產建材來製造高性能窗框

02 溫熱環境設計與健康

這並非只是生或死的問題

在日本，只要一到冬天，死於熱休克的人就會驟增。即使從全球性的觀點來看，日本人在生活中忍受寒冷的程度還是很罕見。

■ 潛藏在住宅中的致命危險性

事實上，覺得自己能夠忍受寒冷的人大多會在冬天搞壞身體。身體較虛弱的老年人甚至很有可能會喪命。據說，當起居室與非起居室的溫差達到10℃以上時，就會發生熱休克現象。由於在42℃的浴缸中泡完澡後，走到室溫10℃的更衣室換衣服時，血管的收縮與膨脹情況會有如坐雲霄飛車那樣，所以會引發意外。由於死亡診斷書上不會記載「熱休克」，所以沒有統計資料，我們無法正確地得知死於熱休克的人數。不過，根據醫學博士高橋龍太郎先生的說法，由於依照厚生勞動省的統計資料，每年有3000～4000人會溺死在家中浴室，再加上，厚生勞動省與東京消防廳曾在1999年一起做過調查，所以我們可以透過統計資料與調查報告來推算

待在家中比走在馬路上還要危險？

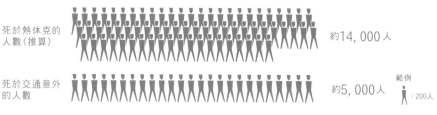

死於熱休克的人數（推算）	約14,000人
死於交通意外的人數	約5,000人　範例 ： 200人

出處：公益財團法人東京防災急救協會對於「關於浴室意外防範對策調查研究的概要」的調查結果

有很多人死於浴室意外！

入浴中的猝死者的運送人數（東京消防廳，1994年）

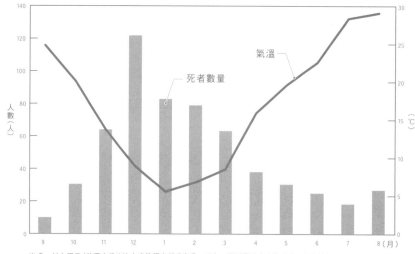

●在冬季，死於浴室意外的人比較多。
●主要原因在於，室內溫度很低，以及起居室與浴室之間的巨大溫差。
●我們應透過「提昇隔熱性能‧氣密性」來防止意外發生。

出處：村上周三（前獨立行政法人建築研究所理事長，現為一般財團法人建築環境‧節能機構理事長）：「健康‧節能住宅的進展透過提昇隔熱性能夠改善溫熱環境，並帶來經濟上的利益」（2010.4舉辦）資料、高橋龍太郎（東京都健康長壽醫療中心研究所）：「健康‧節能研討會 IN經團聯大廳II」（2009.5舉辦）資料

出，死於熱休克的人數約為溺死者的3～4倍。也就是說，每年約有14000人死於「熱休克」。這項數字遠比死於交通事故的人數來得大。即使保住性命，大多也會變得需要照護，而且此現象已經變成一項非常嚴重的問題。

■ 溫暖的住宅可以帶給人們健康

在最近的研究中，我們也逐漸闡明了「住在隔熱性能高，而且溫暖的住宅中的人會比較健康」這項事實。這項事實是基於「多達2萬人6000戶的大量問卷調查」而得到的結果，而且與我們應注重的健康有關。我們透過「問卷調查時所使用的窗戶規格」的差異來進行推測，並得知這裡所說的溫暖住宅並非是，符合現今住宅建商所採用的標準等級「次世代節能標準」那種水準的住宅，而是等級更高，且符合「領跑者標準」的住宅。

除此之外，我們也得到了「住在溫暖住宅的人平均每人每年可以減少約一萬日圓的醫療費用」這項研究結果。

那麼，請大家試著與建築師一起設計出能夠實現「比現在更加健康且節能的生活」的生態住宅吧！

舒適且健康的濕度區位在何處呢？

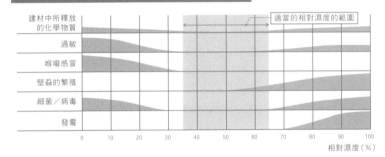

適當的濕度環境不僅與舒適性有關，也和健康有密切關聯。如同透過這張圖表所得知的那樣，適當的相對濕度的分布能夠抑制化學物質的釋放與過敏的發生。在住宅的建設中，「容易進行濕度管理」這一點是非常重要的。

高隔熱性能的健康改善效果（搬進高隔熱住宅後的健康改善率）

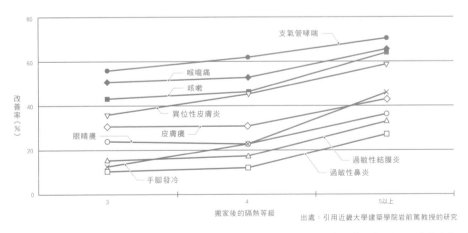

出處：引用近畿大學建築學院岩前篤教授的研究

這項事實是基於「多達2萬人6000戶的大量問卷調查」而得到的結果，而且與我們應注重的健康有關。在圖表中，縱軸是改善率，計算法為「搬家後症狀便不再出現的人/搬家前有出現症狀的人」。用來表示「搬進高隔熱住宅後，搬家前的症狀就不再出現者」的比例。橫軸的數值表示隔熱等級。我們會依照窗框的材質與玻璃層數來推算隔熱性能，在東北以南的地區，「鋁製窗框＋單層玻璃」為等級3，「鋁製窗框＋雙層玻璃」為等級4，「樹脂窗框＋雙層玻璃」為等級5。

03 溫熱環境設計與舒適度

決定「舒適度」的因素並非只有氣溫

我們應該如何讓冬暖夏涼的住宅變得節能呢？
此時，「光靠室溫是無法推測出舒適度的」這
一點往往會被人們遺忘。

■ 大家是否有對溫度產生誤解呢？

冬季的室溫需要20℃嗎？還是18℃就行了
呢？夏天需要27℃？還是要依照「清涼商務
（Cool Biz）運動」，設定為28℃呢？人們

總是會反覆地討論此類議題。老實說，這類
議論沒有什麼意義。人們在談論這類議題
時，在大部分的情況中，空氣的溫度（空調
的設定溫度）與居民的實際體感溫度都會變
得很凌亂。在整理這一點的同時，也請大家
要了解到，我們的體感溫度會經常受到「建
築物的外皮（屋頂、牆壁、地板、窗戶等會
與戶外空氣接觸的面的總稱）的隔熱性能與

即使室溫為20℃，也會感覺寒冷？

體感溫度≒（外皮的表面溫度＋室溫）÷2

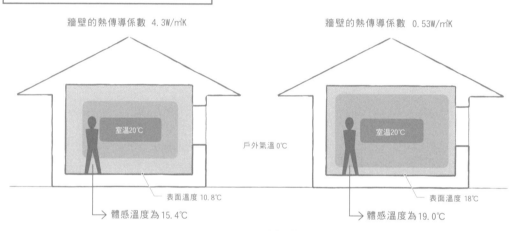

牆壁的熱傳導係數 4.3W/㎡K

室溫20℃

表面溫度 10.8℃
→ 體感溫度為 15.4℃

牆壁的熱傳導係數 0.53W/㎡K

室溫20℃

戶外氣溫 0℃

表面溫度 18℃
→ 體感溫度為 19.0℃

出處：「自立循環型住宅的設計方針」（一般財團法人建築環境・節能機構）

在冬季，當我們把室內溫度設定為20℃時，如果外皮缺乏隔熱
性能的話，靠近室內這邊的外皮表面溫度平均會是10.8℃，體
感溫度則是兩者的中間值，也就是說，體感溫度僅有15.4℃。

這樣的話，即使室溫為20℃，也會感覺寒冷（對於我們這些在
室內生活時會脫掉鞋子的日本人來說，實際上，地板表面溫度
對於體感溫度的影響也許會更大）。

從可用能（exergy）的觀點來看，最不會對身體造成負擔的狀態就是這個！

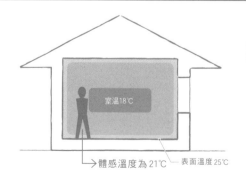

室溫18℃

→ 體感溫度為 21℃ ── 表面溫度 25℃

從可用能（右頁）的觀點來看，對身體最溫和的
狀態

・表面溫度25℃的例子：
　微溫的地板供暖設備，或是會照射到陽光的南側
　玻璃窗

・室溫18℃的好處
　能夠維持較高的冬季相對濕度！

氣流」的影響。

舉例來說，如果我們讓隔熱性能不好的外牆或窗戶保持原狀，並使用高效能空調將冬季的室內溫度提昇到27℃的話，不管外牆或窗戶的表面溫度再怎麼低，還是能夠讓體感溫度處於21℃。不過，這種方法可以說是「既不會浪費能源，又能讓人舒適地生活」的方法嗎？答案是NO。

■ 光靠高性能設備並不能維持「溫度的品質」

看了下方的圖表後，就能夠了解到，當我們讓住宅本身的性能維持在很低的狀態，

而且企圖想要只靠設備來進行反擊時，雖然能夠強行地維持體感溫度，但性能不佳的外皮與住宅之間會經常產生對流，這樣不僅會引發不適感，而且還會使相對濕度無端地下降。如此一來，就會容易造成過度乾燥，喉嚨會覺得口渴，皮膚會變得乾燥。在追求舒適度時，濕度是一項非常重要的因素。在骨架性能很優秀的住宅內，在冬季時，能夠透過較低的室溫來取得必要的體感溫度，而且這一點的最大優點在於，能夠使室內的相對濕度盡量維持在很高的狀態。讓我們來學習生態住宅的溫度品質的差異吧！

「改善骨架性能」的優先度比「改善設備」來得高的理由在於，「溫度的品質」是不同的！

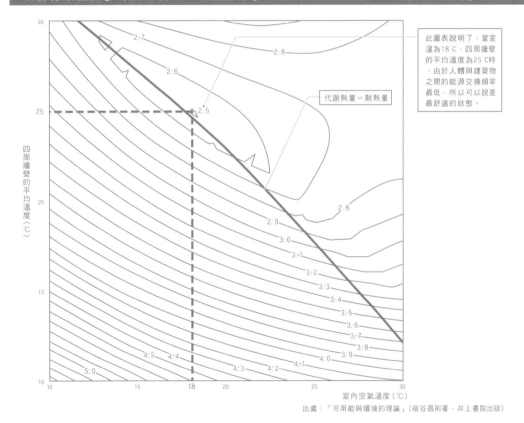

此圖表說明了，當室溫為18℃，四周牆壁的平均溫度為25℃時，由於人體與建築物之間的能源交換頻率最低，所以可以說是最舒適的狀態。

代謝熱量＝散熱量

出處：「可用能與環境的理論」（宿谷昌則著，井上書院出版）

此圖表說明了「人體與建築物的可用能收支與溫熱環境」。可用能指的是「能源的擴散能力」。此可用能越少進行交換，室內就會越舒適！在理論上，不管建築物的骨架性能如何，我們都能得到相同的體感溫度。不過，只要以冬季來舉例，就能得知，從濕度管理的觀點來看，「透過較低的室溫來得到必要的

體感溫度」這一點絕對是有利的。因此，我們希望大家不要透過「改善設備」，而是要盡量藉由「改善骨架性能」來獲得優質的溫度。根據宿谷先生的研究，當室溫為18℃，骨架表面溫度為25℃時，人體與建築物骨架之間的可用能的交換頻率會達到最低。

觀察「空隙」，並思考土地的潛力吧！

那麼，我們開始來實際進行設計吧！生態住宅的基礎中的基礎在於，解讀建地的潛力。在建地中選擇一個能夠有效地利用日照、通風的建築地點。

■ 什麼樣的陽光要從何處照進住宅中呢？

在思考建築物本身時，我們要先關注建地中的空白部分（庭院等建築物以外的部分）。

空白部分的大小會取決於建築物的規模。接著，首先我們要思考「要如何使用空白部分才能進行採光與通風」。

在考慮日照時，一般來說，會空出南側，讓建築物靠近北側。不過，如果建地呈東西向的細長形狀，而且南側的空白部分很少時，不僅無法獲得良好的日照，而且在生活中還必須眺望南邊住宅的北面牆壁。如果變

基本篇｜確保最大限度的日照量

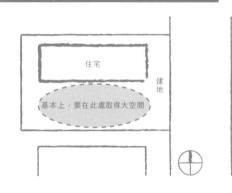
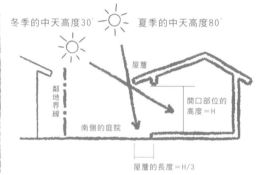

基本上，要在南側保留空地，讓建築物靠近北側，盡量地提昇日照量。請大家如同圖中那樣，讓建築物靠近建地的北側，並在盡量不影響周圍建築物的情況下，確保日照量吧！如果土地很廣大，或是周圍沒有大型建築物的話，日照就會成為非常重

要的能源，因此我們必須要利用日照。屋簷長度必須為開口部位高度的三分之一（參閱P34）。在夏天遮蔽日照，在冬天積極地取得日照量。這就是位於地球上的中緯度地區的日本的住宅設計的基礎。

住宅配置的實例1｜山形生態住宅

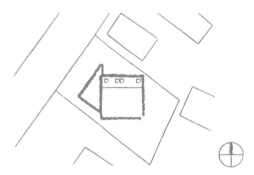

在土地比較充裕的「山形生態住宅」（參閱P110）中，建築物本身面向正南方。從道路上觀看此住宅時，會發現只有這棟建築是斜的。透過這種建築方式，能夠有效地使用白天的日照。

住宅配置的實例2｜奧爾塔納之屋

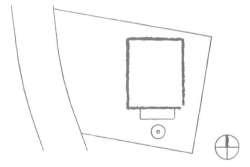

在「奧爾塔納之屋」（參閱P116）中，採用的是最基本的配置方法。首先，會讓建築物正對南方，然後讓建築物靠近建地北側，空出南側的部分。我們認為，西側部分會成為停車場。位於南邊的樹木在夏天會長得很茂密，到了冬天，葉子會掉落。

成那樣的話，倒不如讓建築物靠近南側，並透過其他方法來採光會比較好。無論是多麼櫛比鱗次的地點，建地的上方都會有空間。一邊思考「能夠透過上方的部分來取得冬季的日照，並遮蔽夏季的日照的方法」，一邊持續思考建築物的配置也是一種方法。

■ 在建地外也能得到啟發

另外，我們希望大家不要只思考建地內的事，也要多留意建地外的情況。在這方面，大家必須環視周遭，從很近的區域到比較遠的地方都要留意。在觀察附近的區域時，大家應該一邊觀察道路、公園、周遭建築物的配置方式，一邊決定住宅的建築方式。重點在於，空隙部分的大小。該處隱藏著「風的通道、開放的視野」等能夠使住宅變得舒適的提示。我們希望大家注意到的就是「周遭的建築有可能會改建」這一點！大家必須充分地釐清「當周遭的建築經過改建後，該建築物最大會變得多大呢」這個問題。

「試著眺望遠處，觀察建築物蓋在什麼樣的地形上」也很重要。請大家試著調查樹木的茂盛情況，看看季節改變後，樹木會使該片土地給人的印象產生什麼變化。大家在購買土地時，先試著向附近居民與不動產業者詢問土地的情況也許會比較好。

應用篇│即使條件不好，也能取得日照的方法

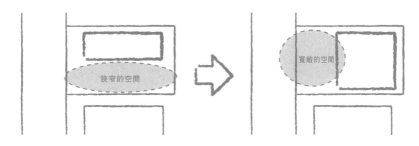

在進行配置時，常常會無法如同左邊的基本篇那樣，進行理想的配置。舉例來說，像上圖那種情況，即使住宅蓋在偏北側，但南側的空間與鄰居的牆壁還是會靠得很近。在生活中，從南面的開口部位眺望牆壁絕非開心之事，而且也只能得到不充分的日照量。既然如此，乾脆盡量把南側的空間塞滿，讓住宅蓋在東側的大空間中，比較能夠有效地採光。我們同時也會討論「配合此方法，使用高側窗來進行採光」的可行性。

住宅配置的應用實例1│久木之家

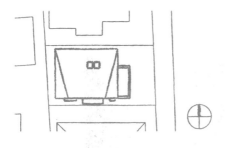

在「久木之家」（參閱P132）中，我們放棄在南側設置空地，而是盡量地把住宅塞進南側，並佔據西側的廣大空間。我們也可以把西側的寬敞空地當成車棚來使用。同時，在「南側很靠近鄰居」這種條件下，為了更加有效地取得日照量，所以我們會在二樓的南側設置大窗戶。

住宅配置的應用實例2│福岡被動式節能屋

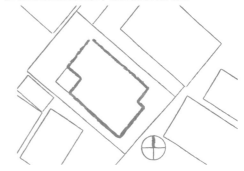

這是蓋在住宅密集地區的「福岡被動式節能屋」（參閱P146）。建地的方位為，從南往西偏45度。由於一樓的日照不太能夠期待，所以我們將客廳設在二樓，並在窗戶上加裝了遮陽板。

05 預算

生態住宅不會很貴嗎？

如果要建造本書中所提到的住宅的話，需要多少預算呢？這一點應該是大家最在意的事情吧！以最單純的算法來看，大約是多15%。舉例來說，如果住宅價值3000萬日圓的話，改裝費用約為450萬日圓，請大家這樣估算吧！

■ 特別需要花錢的是這個部分！

　預算主要會用於「使建築物節能化」的部分。特別需要花錢的是隔熱材料與開口部位。由於隔熱材料本身並不貴，所以就算大量使用也不會使金額增加太多。也就是說，最花錢的部分是開口部位。雖然如果減少開口部位的話，就能節省相當的費用，但是那樣做的話，就會變得無法有效地利用日照與通風。

　我們所設計的生態住宅並非只是一個性能很好的箱子，而是「能夠一邊運用自然的力量，一邊在盡量不仰賴機械設備的情況下，實現舒適生活」的住宅。因此，用來採光與通風的窗戶會成為重要的因素。另外，換氣

試著來分析生態住宅的預算吧！

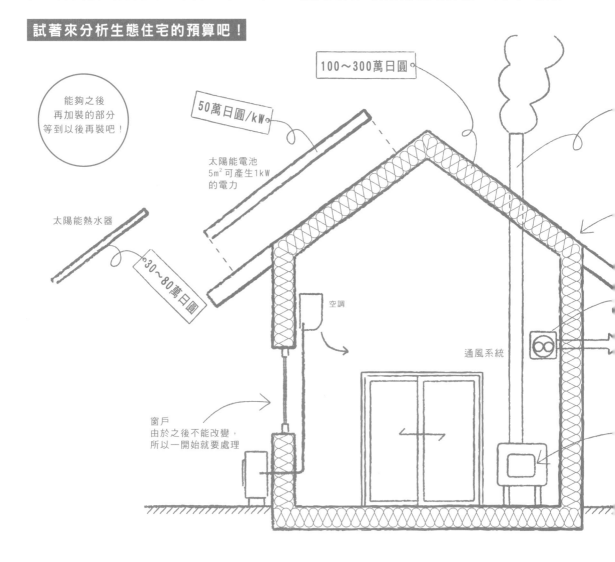

能夠之後再加裝的部分等到以後再裝吧！

100～300萬日圓

50萬日圓/kW

太陽能電池
5m² 可產生1kW的電力

太陽能熱水器

30～80萬日圓

空調

通風系統

窗戶
由於之後不能改變，所以一開始就要處理

扇也是一項重要的因素。空氣進行交換時所造成的能源損失會成為問題。為了避免能源損失，所以我們必須使用能夠進行熱交換的換氣扇。

在日本，開口部位與換氣扇等的成本都還沒降低。不過，如果生態住宅之類的住宅被大量興建的話，就會產生大規模的競爭，這類成本應該也會持續下降吧！

太陽能電池、太陽能熱水器、生物質爐、生物質鍋爐等是我們接下來應該選擇的設備。太陽能電池的費用已經開始低於50萬日圓/kW，而且機器也既新穎又多樣化。

■ 先做？還是之後再做？

不過，如果要加上所有設備的話，預算就會不斷增加對吧！此時，首先，請大家在預算中，將工程分成「可以之後再做的工程」與「必須一開始就先做的工程」，並試著思考看看。如此一來，就會發現到，「可以之後再做的事情」意外地多。「可以之後再做的事情」就留到以後再說，相反地，我們必須事先抑制「應該一開始就要先加裝的重點部分」的費用。請大家這樣做，並一邊避免成本上昇，一邊設法蓋出性能優秀的住宅吧！

關於某個住宅的預算分配
舉例來說，以總價3000萬日圓的住宅來進行思考的話⋯

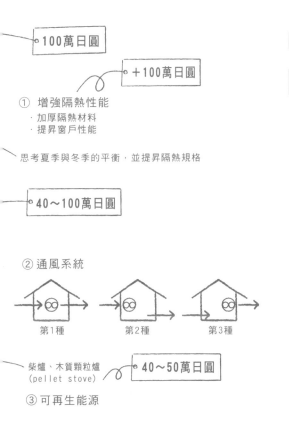

100萬日圓
+100萬日圓

① 增強隔熱性能
・加厚隔熱材料
・提昇窗戶性能

思考夏季與冬季的平衡，並提昇隔熱規格

40～100萬日圓

② 通風系統

第1種　第2種　第3種

柴爐、木質顆粒爐
(pellet stove)
40～50萬日圓

③ 可再生能源

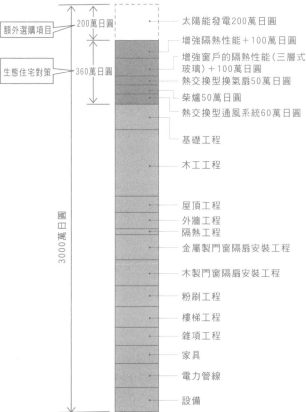

額外選購項目　200萬日圓

生態住宅對策　360萬日圓

3000萬日圓

太陽能發電200萬日圓
增強隔熱性能＋100萬日圓
增強窗戶的隔熱性能（三層式玻璃）＋100萬日圓
熱交換型換氣扇50萬日圓
柴爐50萬日圓
熱交換型通風系統60萬日圓
基礎工程
木工工程
屋頂工程
外牆工程
隔熱工程
金屬製門窗隔扇安裝工程
木製門窗隔扇安裝工程
粉刷工程
樓梯工程
雜項工程
家具
電力管線
設備

為了讓房屋變成生態住宅，所以成本會提昇12～18％。

06 空間的性能

不要光憑感覺，也要透過數值判斷空間的「性能」！

重點的是，不要光憑感覺，而是要透過計算來得知「住宅的性能」。

■ 連舒適度都能透過科學方法來分析的時代

吉田兼好說過：「住宅應蓋成適合夏天居住。」這是鎌倉時代的事情，也是沒有空調的時代的古老話語。另外，也有人曾說：「高氣密性住宅使人呼吸困難。」汽車的氣密性雖然高，但真的有人會感到呼吸困難

嗎？只要打開窗戶不就行了嗎？與藉由犧牲冬季的舒適性來追求「住宅骨架的安全性與舒適性」的吉田兼好的時代相比，我們所居住的現代建築已變得更加複雜。即使想得簡單一點，比起鎌倉時代，現代的空調設備很先進，而且隔熱材料與開口部位的性能也很豐富。

當一棟住宅所在的自然環境、都市環境、規模提昇時，鄰近住宅的興建方式、住宅的

用來決定「住宅空間」的性能的各種要素

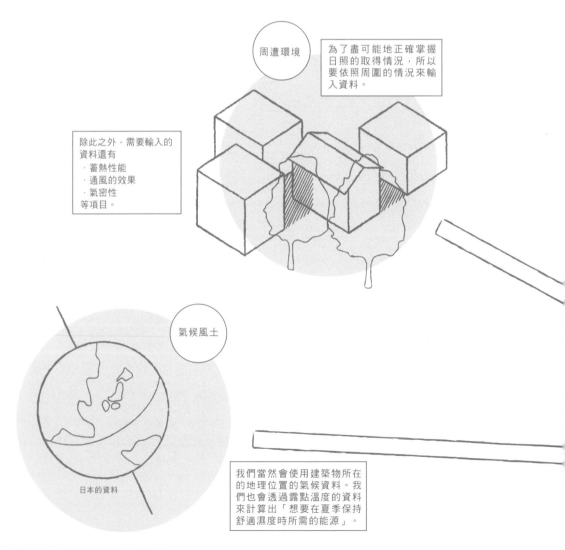

周遭環境

為了盡可能地正確掌握日照的取得情況，所以要依照周圍的情況來輸入資料。

除此之外，需要輸入的資料還有
‧蓄熱性能
‧通風的效果
‧氣密性
等項目。

氣候風土

日本的資料

我們當然會使用建築物所在的地理位置的氣候資料。我們也會透過露點溫度的資料來計算出「想要在夏季保持舒適濕度時所需的能源」。

建材、採光、風等因素都會產生變化。我們認為，大家不能光憑經驗法則來理解住宅，而是必須以環境的觀點來重新理解住宅本身，並將其轉換成數據，進行科學分析。

■ 試著調查建築物的被動性能吧！

目前，當我們在調查這一點時，我們還是必須使用「溫熱環境模擬軟體」，並透過電腦來一一判斷各棟建築的個別狀況。如此一來，經過實際的計算後，我們就能得知，依照環境或設計的差異，建築物所消耗的能源會有很大的不同。這項情報是住在該處的居民與住宅的設計者共同擁有的情報。這種想法與「在購買汽車時，認為油耗與款式、乘坐感等因素同樣都是很重要的情報」是相同的。在過去，雖然計算方式複雜，軟體也很昂貴，但我們還是有各種應對方法，而且免費軟體與便宜好用的軟體也開始變得豐富了。

我們會先把「使用這些軟體時，必須輸入的要素」列在下圖中。只要擁有這類軟體，就能大致了解建築物的被動性能。而且，這並不是會限制設計的工具，相反地，我們可以說，這是一種「能夠給予設計自由度，並顯示出性能會變得多麼好」的軟體。請大家務必要試著使用看看。

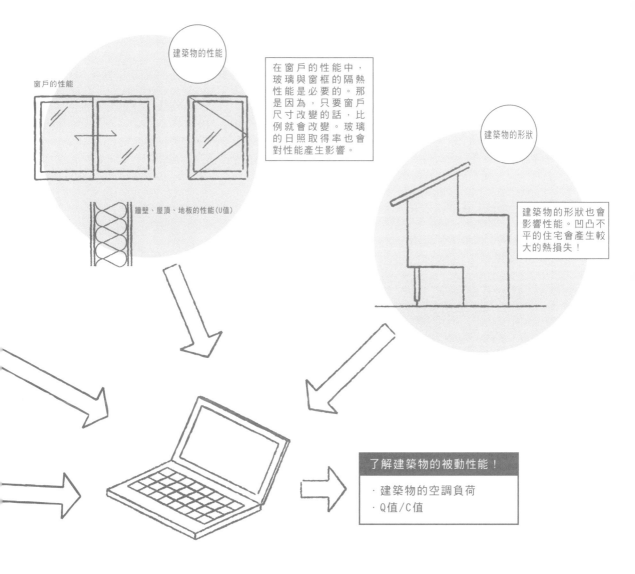

窗戶的性能

建築物的性能

牆壁、屋頂、地板的性能(U值)

在窗戶的性能中，玻璃與窗框的隔熱性能是必要的。那是因為，只要窗戶尺寸改變的話，比例就會改變。玻璃的日照取得率也會對性能產生影響。

建築物的形狀

建築物的形狀也會影響性能。凹凸不平的住宅會產生較大的熱損失！

了解建築物的被動性能！

· 建築物的空調負荷
· Q值/C值

07 房間配置圖

把房間配置圖當成立體的謎題解答吧！

對生態住宅來說，房間配置圖就是一個立體空間的謎題。我們要一邊解開謎題，一邊設計空氣的流動方式。

■ 生態住宅＝最好小一點

　一般來說，「思考房間配置圖」往往會被當成是在「思考平面圖」。不過，那樣的話，就無法建造出舒適的生態住宅。基本上，我們必須要把生態住宅的內部空間當成

立體空間的謎題來解答。因此，在進行設計的同時，使用模型（立體）應該會比較好。在進行設計時，重點有兩個。

　第一個重點為，生態住宅應該要小一點。大家也許會認為，如果預算允許的話，寬敞的大空間不是比較好嗎？不過，由於人所居住的空間有適當的大小，所以「盡量地縮小居住空間」這一點會變得很重要。另外，大家也必須檢查持有物品的總量。如果持有物

試著以立體的方式來觀察這4張住宅配置圖吧！

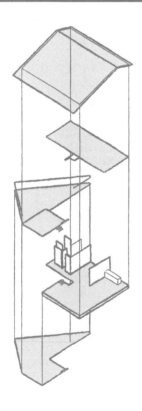

山形生態住宅（參閱P110）

所有的房間都面向位於南側的室內中庭。西側設置了與道路一樣高的迴廊，從該處通過差層式結構後，就能連接到二樓。從二樓可以進入迴廊上方的大陽台。透過差層式結構，可以連接一樓與二樓。

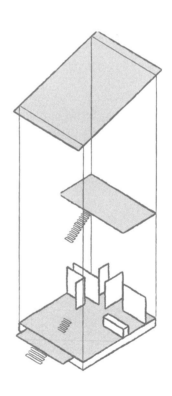

奧爾塔納之屋（參閱P116）

這是構造很簡單的生態住宅。南側有很大的空間，2樓的北側有準備用來當作單人房的空間。階梯是可移動的，住戶可以依照生活型態來移動階梯，而且也留下了各種住宅配置的可能性。室內中庭佔了建築物的一半，如果只考慮到空氣對流的話，中庭再小一點應該會比較好吧！如果再把中庭的一半做出地板，也能夠隔出4LDK的格局。

品的量超出必要程度的話。居住空間就得變大，而且用來調整這些空間的溫度的能源本身就會被浪費掉。我們首先要做的就是「斷捨離」，也就是展開新的生活型態。

■ 房間配置最好採用一室格局

接著，房間配置的重點在於，要盡量簡單，讓房間配置接近一室格局。這是因為，隔間牆一旦變多，風就會變得不易流動。為了不設置用來移動的走廊等空間，再加上要考慮到家人之間的隱私等問題，所以我們會將房間數量控制在最低限度。而且，不僅外牆上有窗戶，用來區隔房間的牆壁上也有窗戶，在設計整棟建築的空氣流動時，也有考慮到個人房。請大家一邊留意「讓風從南流向北，並流經建築物中的每一個角落」這一點，一邊思考住宅的平面配置圖。在先前的「配置」（P16）這個章節中，我們也有說明過，「把風引導到沒有建造建築物的空隙」這一點會成為通風良好的前提條件。

在用水處方面，雖然洗澡時，必須短時間地把窗戶關上，不過長期來看，我們應該打開窗戶，讓室內通風。在這種情況下，可以使用拉門。不在家時，如果有能事先打開的外部開口部位（例如有安裝防盜鐵格窗的窗戶）的話，應該會比較好吧！

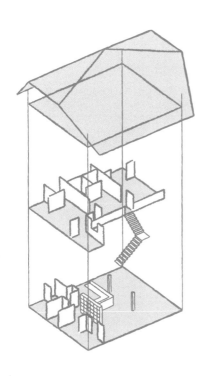

木灯館（參閱P136）

這是為了宣傳奈良縣・十津川村的杉木而建造的樣品屋。為了有效地取得冬季的日照，並遮蔽夏季來自東方與西方的日照，所以屋頂形狀被設計成這樣。在設計方案中，我們把階梯部分當成室內中庭來使用，讓風流動。二樓的起居室面向室內中庭，並設置了雙面都貼上和紙的格子拉門，在冬天，透過把門拉上，可以一邊讓光線通過，一邊發揮和緩的隔熱性能。

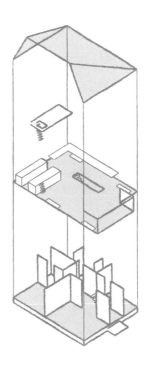

久木之家（參閱P132）

這棟住宅的客廳設置在二樓，而且二樓只有一個房間。一樓包含了夫婦的寢室、孩子的房間（將來能夠分割）、用水處。雖然沒有特別設置室內中庭，但這座樓梯所在的空間能夠發揮那種作用。我們透過四個通風口，將各個房間的上下部分連接在一起。

08 剖面結構

剖面圖比平面圖更重要

比起平面配置圖，先從畫剖面圖開始應該會比較好。只要透過剖面圖來思考，就能看出空氣的流動。

■ 能夠實現隔熱功能的要素

在此頁可以看到4張生態住宅的剖面圖。試著觀察過後，就能得知，在每張圖中，都會透過建築物的某部分來連接上下樓，使空氣能夠流動。根據需要冷暖空調的夏季、冬季與通風的季節（春秋季節），住戶對於這種風的流動的看法也會跟著改變。

我們只要讓住宅本身擁有確實的隔熱功能，並提昇環境績效，熱能進出住宅的頻率就會變少。如此一來，即使有室內中庭，熱能的移動頻率也會減少。在只擁有一般隔熱性能的住宅內，只要設置室內中庭的話，上下樓之間就會產生約5度的溫差，但是在生態住宅內，溫度卻會處於幾乎相同的平衡狀

透過剖面圖來觀察這四棟住宅

山形生態住宅（參閱P110）

這是南側的傳統室內中庭的剖面圖。山形屋頂並非左右對稱的原因在於，為了要放置太陽能電池，或是為了不要讓屋頂變得太高。二樓目前只有單一房間，被當成辦公室來使用，而且也能夠改成單人房。

輕井澤被動式節能屋（參閱P106）

這是面朝正南方的輕井澤被動式節能屋。位在標高1000公尺的區域，夏天比較涼爽。透過2樓的陽台與屋頂的屋簷，能夠遮蔽夏季的日照。設置在北側樓梯間的天窗具有消除熱氣的作用。在冬季，透過南側的窗戶，可以有效地取得日照。

消除「熱能的進出」吧！

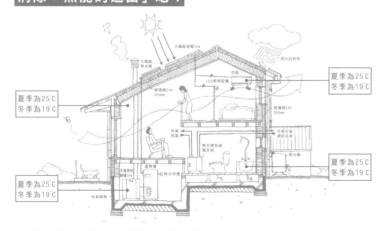

山形生態住宅的溫度資料（夏季/冬季）

如果是生態住宅的話，無論是夏天還是冬天，房間內的溫度到處都是固定的，氣溫也相同。對於住戶來說，「各個場所的溫度都很均衡」這一點很重要。如果有溫差的話，北側與南側的溫度會很高，浴室與廁所的溫度則會迅速下降。如果家中有老年人的話，此現象就會導致血管收縮，而且很有可能造成致命傷。相反地，如果室內溫度都一樣的話，就不會對身體造成負擔，而是會感到很舒適。據說，生態住宅舒適到讓某位住戶說過「變得不喜歡出門」這樣的話。

態。這一點讓以往只會進行一般性能的隔熱措施的我們本身也感到非常驚訝。在以前，如果想要解決室內中庭造成的溫差問題的話，就必須在一樓的地板裝設地板供暖設備。不過，在隔熱性能很好的住宅中，已經不需要那樣做了。

■ 成本與能源都要環保！

只要提昇隔熱性能的話，室內中庭就會成為一種「能讓整個家的空氣進行循環」的設備。這樣就能充分地減少空調設備的數量。就算說「只需一台暖氣與一台冷氣就沒問題」也不為過。如此一來，應該也能夠抑制初期成本吧！即使如此，由於暖空氣會往上，冷空氣會往下流，所以如果能在室內中庭的上部裝設冷氣設備，並在下層裝設供暖設備的話，就會更加萬無一失。

像這樣地，我們也能夠一邊使用中央空調，一邊抑制能源消耗量。這些並非新奇的技術。雖然在過去，這些技術也許不是必要的，但是在「必須敏感地處理溫室效應、CO_2、能源等問題」的現代，研究這類方法應該也是無法避免的吧！

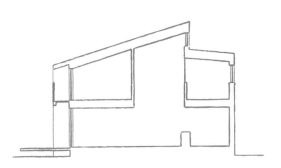

House M（參閱P118）

階梯與室內中庭位在住宅的中央區域，所有房間都與此區域相連。孩子的房間內有窗戶，可以自由開關。雖然這個室內中庭很高，不過相對地，通風似乎很良好。為了不要讓整棟房子變得太高，所以2樓南側的開口部位高度約為180cm。

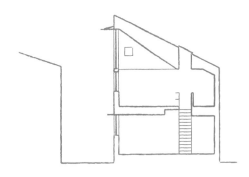

久木之家（參閱P132）

此住宅的二樓是客廳。為了要讓南側獲得更多日照，所以我們提昇了南側房間的高度，並把窗戶設置在較高的地方。此住宅的重要課題在於，要如何將上層的溫暖溫度送到下層。

此照片是「福岡被動式節能屋」(P146)的高側窗。由於暖空氣會往上移動，所以把開口設在該處是很有效的。請大家盡量把天窗與高側窗設置得容易打開吧！在上部設置空氣的出口後，只要打開一樓的窗戶，即使戶外為無風狀態，我們還是能夠透過上下層的溫差來引導空氣，使氣流產生。由於當風速為約1m時，體感溫度就會下降1℃，所以非常有效。室內中庭簡直就是通風設備。像這樣地進行觀察後，我們應該就會了解到「在蓋房子時，如何設計看不見的空氣流動」這一點會成為很重要的課題。

09 隔熱設計

應該以什麼程度的保溫效果為目標？

「次世代節能標準」是上一個時代的產物。我們要以提昇空間性能與能源標示為目標！

■ 設定具體的目標吧！

自從311東日本大地震發生以後，擁有取之不盡的電力的時代結束了。由於能源本來就是有限的，所以「如何透過很少的能源來創造舒適的生活」這一點會變得很重要。理論上來說，無論外部的狀況如何，只要增加隔熱材料的厚度，就能創造出穩定的環境。不過，事實上，如果只靠這一點的話，會過於偏頗。重點在於，要利用建築物所在位置的日照與風的能源。過去，從開口部位跑掉的熱能是最多的，不過，今後，高性能窗框的研發似乎會變得很興盛，那種情況也會逐漸改變。

隔熱的重點

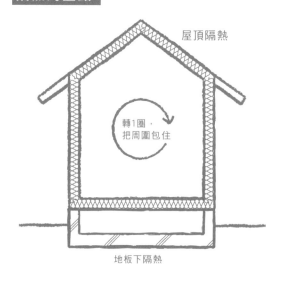

屋頂隔熱

轉1圈，
把周圍包住

地板下隔熱

基本上，隔熱材料必須轉1圈，把周圍包住才行。雖然有人常說土的隔熱性能很高，但我們也不能一概而論。土壤中的能源果然還是會持續消散。因此，四周都必須使用隔熱材料。依照各個部位來看，首先，屋頂隔熱與天花板隔熱的效果是相同的。在地基下隔熱的部分，我們可以把地基當成蓄熱體來使用。雖然地板下隔熱的費用比地基下隔熱便宜，不過地板下隔熱的缺點在於，無法對玄關泥土地與浴室產生隔熱作用。

最後有一點要注意。由於右下圖中的○部分會被水淋濕，所以只能使用「擠壓成形聚苯乙烯發泡板」。此時，必定要使用有經過防蟻處理的材料。如果不那樣做的話，家中就很有可能會引來白蟻。另外，由於各個隔熱材料的厚度會隨著部位不同而有所差異，所以必須均勻地進行配置。

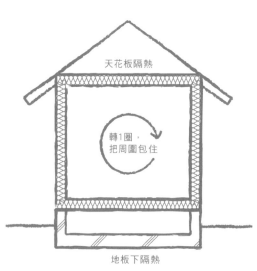

天花板隔熱

轉1圈，
把周圍包住

地板下隔熱

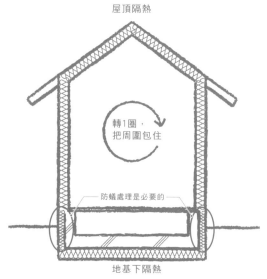

屋頂隔熱

轉1圈，
把周圍包住

防蟻處理是必要的

地基下隔熱

雖然從經濟效率來思考的話，空調與火爐等機器不會完全消失，但我們所追求的建築物本身的性能必須要能將這些設備的數量控制在最低限度。因此，我們應該追求的目標為，在100m²左右的住宅中，使用「1台空調＋1台火爐」或是1台空調（在兩層樓建築中，上下層各1台）。

那麼，我們應該以什麼樣的性能為目標呢？由於太過籠統的話，是無濟於事的，所以請大家設定具體的目標吧！用來表示熱損失係數的Q值的目標為，「次世代節能標準」減去1.0。此目標的意義在於，要讓「東京等第Ⅳ地區的住宅」適應第Ⅰ地區目前的次世代節能標準。雖然在「被動式節能屋」、「山形生態住宅」等各種生態住宅的建案中，有的人會建議使用各種機器設備，不過，在提昇舒適性方面，比起安裝機器，增強住宅的隔熱性能應該會比較有用。

■ 據說，只要進行隔熱工程，夏天就會變得很熱，這是真的嗎？

「只要進行隔熱工程，夏天就會變得很熱」這種說法是騙人的。隔熱材料會阻斷室外溫度與室內溫度的交換。在夏天，室內溫度會上昇的理由在於，來自外部的日照與室外溫度，因此，透過提昇建築物的隔熱性

通風層與氣密層是必要的

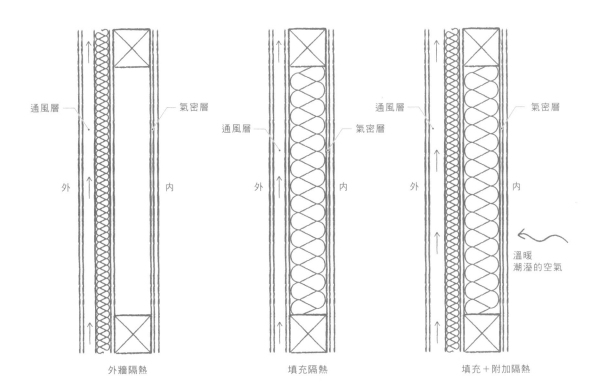

外牆隔熱 / 填充隔熱 / 填充＋附加隔熱

由於此工法通過了次世代節能標準，而且施工性良好，所以到目前為止，此工法很受歡迎。重視牆壁內部堅固性的人會傾向於選擇外牆隔熱工法。不過，如果想要超越次世代節能標準的話，光靠外牆隔熱工法來確保必要的隔熱性能應該是很難的事吧！我們不應光靠外牆隔熱工法的知名度來進行選擇，而是要確實地確認隔熱材料的施工厚度。

這是一種「把隔熱材料填入木造柱子中」的工法。雖然能夠有效地活用空間，不過，在使用纖維類隔熱材料來施工時，由於如果沒有確保氣密性的話，恐怕就會發生「牆內結露」的現象，因此高氣密性的施工技術是絕對必要的。雖然有人打著「使用聚氨酯發泡材的話，可以同時兼顧氣密性」這樣的宣傳口號，但也有人對「是否能夠長期確保氣密性」這一點提出質疑，正反兩種意見都有。

如果要以本書所鼓勵的「次世代節能標準的Q值－1.0」為目標的話，合併使用外牆隔熱與填充隔熱的機率恐怕會達到100%。雖然施工過程費時費力，但是透過此工法，不僅能夠大幅提昇隔熱性能，還能夠減少「填充隔熱材料部分發生牆內結露現象的風險」與「結構材料的隔熱性能降低」等情況發生。

材料的性能越高，製造時所需的能源就越高！

建材的物理特性

	材料名稱	比重 （kg/m³）	熱傳導率 （W/m²·K）	製造時的初級能源 （每1m² K/W的熱阻） （MJ/m²）
主要隔熱材料	纖維素隔熱材料(填充用)	35	0.040	10
	真空隔熱材料	190	0.006	71
	膨脹聚苯乙烯(EPS)30kg/m³	30	0.035	103
	玻璃棉40-70kg/m³	68	0.035	119
	擠壓成形聚苯乙烯發泡板(氫氟烴發泡)	45	0.032	150
	擠壓成形聚苯乙烯發泡板(CO₂發泡)	38	0.040	155
其他的建材	木材 日本落葉松 粗糙加工 天然乾燥	685	0.130	133
	膠合板 標準品	455	0.110	402
	用來塗牆的泥漿	1,700	0.810	468
	石膏板	850	0.210	775
	西洋灰漿(lime plaster)	1,400	0.700	1,950
	鋼筋混凝土	2,400	2.300	6,403
	鋁板	2,800	200.000	69,440,000

出處：Details for Passive House 3rd revised edition, Springer Wien NewYork

所謂的高性能隔熱材料指的是「即使厚度很薄，隔熱性能依然很好」的材料。不過，當隔熱材料的性能越高時，製造時往往會消耗更多能源…。因此，我們在考慮能夠發揮同樣隔熱性能的材料厚度時，會試著比較製造時所消耗的能源。這樣的話，就能進行一場公平的競賽。大家在研究各種隔熱材料時，請先參考此表。然後，請大家先向廠商確認過透濕性能等後，再依照價格與施工性來選擇令人滿意的隔熱材料。

不要在隔熱上使用過多能源！

生命週期二氧化碳排放量的觀點

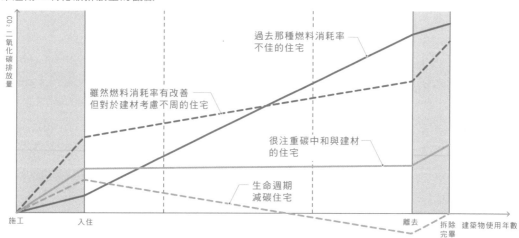

30年前，歐洲開始發展兼具高隔熱性能與高氣密性的住宅。在這一點的影響下，人們在興建建築物時所消耗的能源量大幅地增加。人們一旦想要以低成本來提昇骨架性能的話，就會排除過去所使用的天然木質建材，並改成用石化類隔熱材料來圍住建築物。為了改善住宅運作成本的燃料消耗率，所以人們會對過去那種「初期成本的燃料消耗率變得很差」的情況進行反省，而且現在的一般消費者都會強烈要求「透過木質類建材來提昇住宅性能」這一點。請大家先試著思考「理想的隔熱材料應該是什麼樣的呢」這個問題。另外，生命週期減碳住宅是指，為了抵消興建時所消耗的能源，所以入住時的燃料消耗率必須低於零，形成負數。這是始於日本的概念，而且「生產能源」是絕對必要的條件。

能，就會變得容易阻斷這些因素。不過，光靠隔熱來進行降溫對策的話，是不夠的。如果想要排出或消除「會沒完沒了地從窗戶進入室內的日照能源、住戶身體所散發的熱能、烹調與洗澡時所產生的熱能與濕氣」的話，就必須使用冷氣設備。

■ 用來測量住宅性能的數值「Q值」

我們能夠確實地用數值來測量出建築物的隔熱性能。用來表示建築物的燃料消耗率的數值是熱損失係數。我們要分別計算每個部位的性能，才能得到這項綜合數據。熱損失越少的話，係數就會越低，如果失去許多熱能的話，係數就會變大。

目前，由於房屋建商在介紹建築物時，大多會以某個典型方案來呈現理想的數值，所以在實際的方案中，數值可能會有所差異。Q值指的是，計算過氣候、周圍的情況、建築物的形狀、隔熱性能等全部的項目後，才能算出來的數值。能夠計算Q值的軟體也變得很豐富。簡便的軟體包含了，在北海道與東北此推行，性能的Q值為1.0的「Q1住宅」，其為由特定非營利活動法人新木造住宅技術研究協議會（新住協）所設計的「QPEX」、一般社團法人PASSIVE HOUSE JAPAN所設計的「建築物燃料消耗率導引指南」（參閱P94）等。

目標為「次世代Q值－1.0」

在次世代節能標準中，此目標是過低的。另一方面，被動式節能屋（P84）是領跑者。在第IV區域中，（次世代－1.0）這種程度的標準可以有效地降低運作成本。

	次世代節能標準		建議值
第I區域	Q=1.6以下	➡	Q=0.6
第II區域	Q=1.9以下	➡	Q=0.9
第III區域	Q=2.4以下	➡	Q=1.4
第IV區域	Q=2.7以下	➡	Q=1.7
第V區域	Q=2.7以下	➡	Q=1.7
第VII區域	Q=3.7以下	➡	Q=2.7

第I區域（北海道）的建議值是0.6，難度也許有點高。我們只能等待高性能國產窗框的登場。

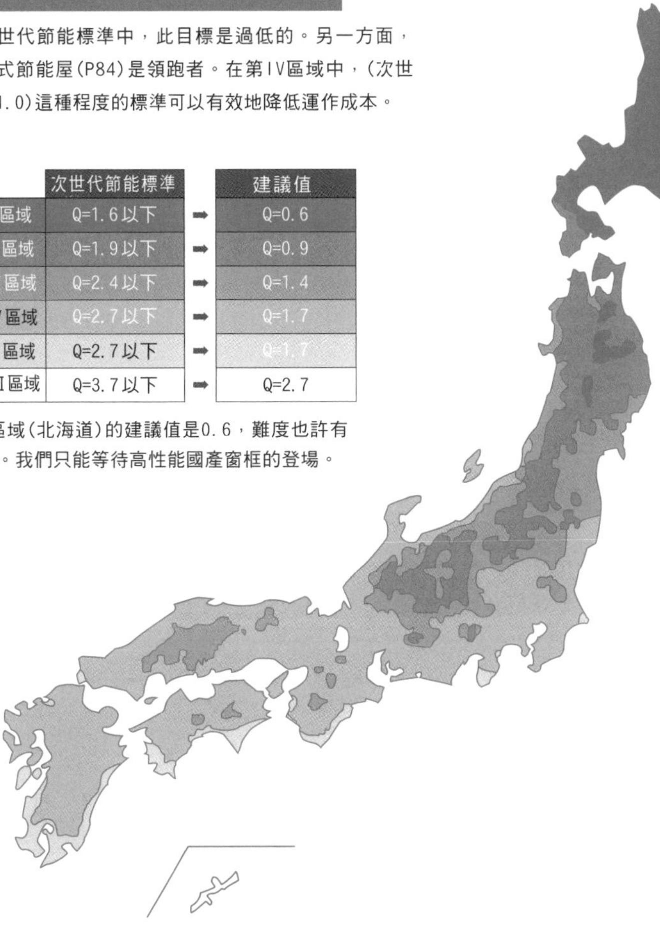

各個區域今後應該追求的熱損失係數如右圖所示。包含關東等處的第IV區域的Q值為「2.7－1＝1.7」，此數值剛好變得很接近北海道的次世代節能標準Q＝1.6。
在生態住宅中，最重要的是「提昇隔熱性能」這一點。如果不提昇隔熱性能的話，就算安裝各種機器，也沒有什麼意義。至於「隔熱性能要多好才行」，我們想要設定的目標為，「各樓層只需各安裝一台空調，就能過得很舒適」這種程度的性能。

10 氣密性

不會覺得呼吸困難。以高氣密性為目標吧！

雖說是高氣密性，但並不會覺得呼吸困難。使用氣密膜的目的為「提高氣密性」與「預防結露」。

■ 現今的氣密性情況

雖然我們會聽到「由於日本的住宅會有縫隙風，所以不會成為病態住宅」、「高氣密性住宅似乎會讓人覺得呼吸困難」等說法，但這是非常大的誤解。提昇建築物氣密性的目的在於提昇能源的效率，我們在通風的章節（P60）也會提到這一點。而且，只要氣密性很高的話，我們就能透過「打開、關上換氣或通風用的窗戶」來有效地替換室內空氣，並抑制夏季室內溫度的上昇。雖說氣密性很高，但並不會造成缺氧狀態，如果想要讓室外空氣進入室內的話，只要打開窗戶即

即使氣密性很高，也不會感到呼吸困難

轉1圈，
把周圍包住

透過一筆劃
來檢查！

「由於日本的住宅會有縫隙風，所以不會成為病態住宅」這種說法是錯誤的。「在提高隔熱性能時，沒有同時提昇氣密性」這一點才是造成病態住宅的原因。氣密層最後必須要位在室內這邊才行。對於生態住宅來說，提高住宅內側的氣密性是最重要的一點。

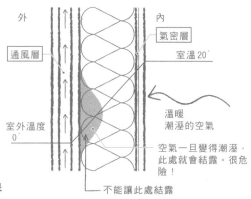

外　通風層　氣密層　內　室溫20°　室外溫度0°　溫暖潮溼的空氣　空氣一旦變得潮溼，此處就會結露。很危險！　不能讓此處結露

通風層與氣密層是成套的。溫暖潮溼的空氣一旦變冷，就會結露。

氣密工法的歷史

　北方住宅的歷史本身就是氣密層的歷史。據說，北海道的住宅的隔熱性能提昇後，就經常發生「外牆內部出現結露現象，導致木材腐朽」這種實例。由於冬季的室溫上昇後，室內的飽和水蒸氣量也會增加，所以那些水分會在牆壁內凝結成露水。氣密層的作用就是要防止富有水分的室內空氣通過。因此，最後要讓洞消失後，才能完工。

　氣密層的施工與監督管理必須仰賴技術與經驗。用膠帶來固定氣密膜時，也一定要在木造牆底所在的位置進行。

　「仔細地在各個貫通部分填充密封劑，盡量減少貫通部分」也變得很重要。依照經驗來看，窗戶周圍部分的氣密工程會特別不順利。處理此部分時，必須要特別細心。

　此工法的弱點在於，如果為了在室內掛上畫作而在牆上打釘子的話，氣密層就會產生開口。為了避免這一點發生，所以我們可以透過「在室內這邊再釘上橫條板」這個方法來保護氣密層。

　不需要進行氣密工法的隔熱材料也是存在的。那就是具有吸濕性的材料。這類材料包含了「回收舊報紙或紙箱來製成的纖維素隔熱材料」、「寶特瓶原料當中的聚酯隔熱材料」等。不過，這些具有吸濕性的材料只要吸收濕氣的話，隔熱性能就會下降。

可。

目前，建築基準法所規定的起居室換氣量為0.5次/小時。也就是說，每兩小時就要換氣一次。對於這一點，由於我們只要透過換氣扇來控制換氣量即可，所以沒有必要刻意讓「無法控制的縫隙風」進入室內。

■ 氣密膜的作用

在兼具高隔熱性能與高氣密性方面，氣密層會發揮很大的作用。氣密層當然具備「能夠防止縫隙風進入的預防結露功能」，另一

項功能則是，防止溫暖潮溼的空氣進入隔熱層。如果潮溼的空氣進入隔熱層的話，就會凝結成露水（液體），導致玻璃棉等隔熱材料的隔熱性能下降，而且也會變得無法保持當初施工時的能源轉換效率。不僅如此，露水還會停留在隔熱材料中，導致身為結構材料的樑柱腐朽。由於空氣越溫暖的話，就會含有越多水分，因此，在室內溫度比以前來得高的現今，牆壁內部的結露現象會對建築物的壽命產生很大的影響。我們絕對不能讓牆壁內部發生結露現象。這就是氣密層所具備的「預防結露功能」。

氣密膜的施工很重要

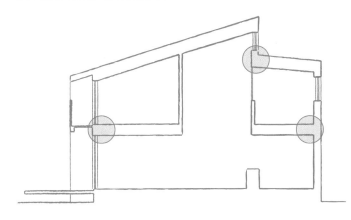

預貼氣密膜

在左圖中，由於標有○記號的部分的氣密工程很難之後再處理，所以要先貼上約30cm的長條形氣密膜，然後再貼上大張的氣密膜。

我們可以得知，「預先貼上的氣密膜」與「之後才施工的部分」會重疊在一起。

盡量使用大張的氣密膜

依照預貼氣密膜的尺寸來貼上較大的氣密層。用來暫時固定的氣密膠帶要留下來。我們認為，依照厚度，有的膠合板地板也會具有氣密性。由於開口部位的周圍容易被敷衍了事，所以要特別注意。

在能夠重做的時間點檢查氣密性！

氣密層的施工結束後，在貼上石膏板前，一定要檢查氣密性。此照片是，正在窗戶上安裝測量裝置的情況。人員正在減低建築物內部的氣壓，並調查漏氣量。

11 蓄熱

使住宅具備蓄熱性能吧！

雖然蓄熱不像隔熱與採光那麼引人注目，但還是能夠樸實地為節能做出貢獻。

■ 何謂能夠蓄熱的材質

在生態住宅中，「蓄熱」所追求的是「溫熱環境的穩定性」。在生態住宅中，由於隔熱性能會提昇，所以隔熱線內側的熱容量越大的話，室內的溫度變化就越小，而且能夠透過很少的能源來維持更加舒適的狀態。從前的倉庫建築的內部之所以能夠維持穩定的溫熱環境，是因為土牆會成為蓄熱體，吸收白天的溫度變化。蓄熱作用對於室內環境的影響就是如此大。因此，蓄熱體要盡量多一點比較好。

環保思維導圖

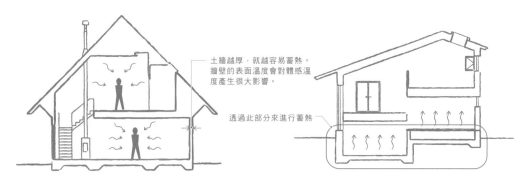

土牆越厚，就越容易蓄熱。牆壁的表面溫度會對體感溫度產生很大影響。

透過此部分來進行蓄熱

在「木灯館」(P136)中，除了泥土地板以外，還會使用土牆來當做外牆，以維持蓄熱性能。雖然土牆的蓄熱量沒有混凝土那麼多，但能夠提昇調濕性能，所以土牆在溫暖的地區很有效。

在「山形生態住宅」(P110)這個建築物中，有一個半地下構造的部分，該處整個都被隔熱層包覆住，並創造出一個穩定的溫熱環境。

以前的人為了不要讓室內充滿夏天的熱氣，所以會讓屋簷往外延伸，改善通風，並會設置用來蓄熱與調整濕度的土牆或泥土地板。在現今的歐洲，人們變得喜歡使用土牆板來取代石膏板。

在建築物中，能夠蓄熱的空間包含了混凝土等。由於土的熱傳導率很高，所以能夠有效地阻斷混凝土地板下方的熱能，並使混凝土地板本身成為蓄熱體。也就是說，整個地基會成為很大的蓄熱層。在「山形生態住宅」或「House M」當中，人們會想要把地板下供暖裝置放進該處，以創造出更加穩定的室內環境。此方法不僅能用於冬季，在夏季也是有效的。只要透過冷氣設備來讓骨架降溫，即使氣溫變高，骨架溫度也不會輕易地提升，溫度變化會變得平緩。

另一方面，由於磁磚等材質的地板與磚頭等材料也有出色的蓄熱性能，所以只要在室內使用此類材料，就能抑制濕度的變化。在冬季等時期，只要能夠事先把蓄熱體放在日照處的話，

就能夠更進一步地控制太陽的日照量。在夏天，我們會透過夜間的室外冷空氣來蓄冷，以抑制白天的溫度，此方法不僅能夠減緩溫度變化，對於降低電力能源的尖峰負載也有幫助。

雖然以前的日本住宅沒有氣密性能與隔熱性能，但土牆會成為蓄熱體，並減緩室外的氣溫變化。即使在沒有氣密性的住宅中，這種控制溫度變化的系統還是能夠發揮非常出色的作用。

試著觀察生態住宅的溫度變化吧！

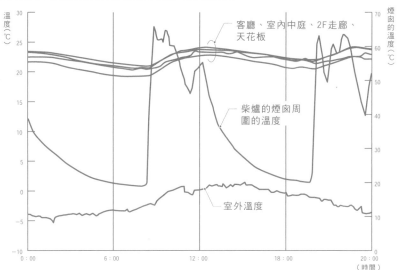

資料提供：東北藝術工科大學工程與設計學院建築與環境設計系・三浦研究室

這是「House M」(P118)冬季某日(2012年2月)的溫度變化。啟動柴爐的瞬間，溫度產生很大的變化。我們可以得知，在那之後，即使柴爐的火熄滅了，室溫的變化還是很平緩。另外，我們也能清楚地了解到，各處的溫度都差不多，只要蓄熱體位在隔熱材料內側的話，居民就能過得相當舒適。如同字面上的含義，此住宅成為了一個很富裕的空間

蓄熱量很大的材料

試著比較透過同樣的體積所能達到的蓄熱量⋯

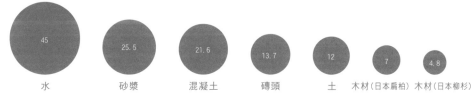

出處：根據 IZENA 官網 (http://www.izena.co.jp) 製作而成

蓄熱量很大的材料包含了，水、含水量很高的物質，或是混凝土、磚頭、石頭等重物。名為「aqua layer(含水蓄熱層)」的蓄熱系統利用了其特性，把水塞進袋子中。這些材料的比重很大，能夠積存熱能。在「使溫度平均化(降低尖峰負載)」方面，蓄熱是非常有效的。在夏季，蓄熱系統對於「夜間排熱(night purge)」(在夏季夜晚吸收冷空氣，使骨架變冷，防止隔日的溫度上升)很有效，在冬季，蓄熱系統也能有效地防止「暖空氣在夜晚散去後所造成的室溫下降情況」。

12 日照・遮蔽

在冬季活用熱能，在夏季遮蔽熱能

我們就算說「生態住宅能夠有效地活用太陽的能源」也不為過。

■ 透過太陽的角度來思考

這點比較難理解的原因在於，住宅與太陽的關係會隨著建地的方位而有所不同。朝向南方的住宅能夠有效地吸收、遮蔽能源。如果可行的話，我們希望從南側來吸收日照。

不過，我們認為「很不容易做到」這一點也是此工法的有趣之處。「山形生態住宅」（P110）是朝向南方興建的，與街區的方向無關。我們認為，在設計上，這一點也會成為很好的重點。

關於南方的部分，冬至中天時刻的日照角度約為30°，夏至中天時刻的日照角度約為80°。因此，透過「讓屋簷的突出長度達到

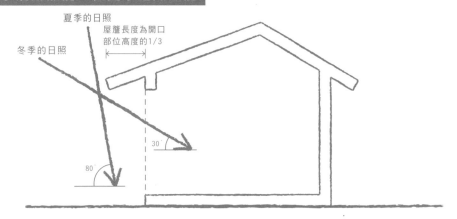

在冬季活用熱能，在夏季遮蔽熱能

夏季的日照
冬季的日照
屋簷長度為開口部位高度的1/3
30°
80°

在日本，來自南方的日照在冬至中天時刻的照射角度約為30°，在夏至中天時刻的照射角度約為80°。在這種情況下，透過「讓屋簷的突出長度達到開口部位高度的約三分之一，以控制日照」這項方法，就能在冬季吸收日照，並在夏季遮蔽日照。這畢竟只是日照來自南方時的情況。如果來自東方與西方的陽光會深深照進屋內的話，就必須採取其他對策。

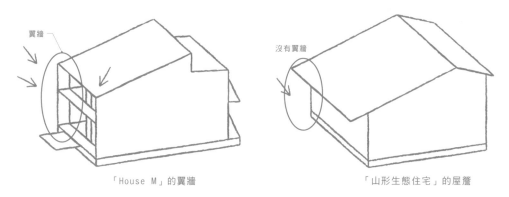

翼牆
沒有翼牆

「House M」的翼牆　　　　　　　　「山形生態住宅」的屋簷

雖然朝南的日照對於兩者來說，都是相同的，不過如果是「上午或下午那種有角度的日照」的話，兩者就會產生很大的差異。我們認為「House M」所採用的翼牆是一項很好的設計，而且我們也得知，翼牆對於遮蔽日照有很大的效果。

開口部位高度的約三分之一,以控制日照」這項方法,就能在冬季吸收日照,並在夏季遮蔽日照。

■ 不能光靠屋簷,也要使用百葉窗與翼牆

另一方面,由於來自東方與西方的日照高度很低,所以即使有屋簷,陽光還是會照進建築物的深處。因此,屋簷不太具有意義,而且應該要使用縱型的百葉窗(brise-soleil,法語,意思為「遮陽板」)。在東側的日照方面,由於時間是早上,氣溫也很低,所以不用太在意。西側的日照會使夏季的氣溫上昇,造成最糟糕的情況。盡量不要在西側裝設大窗戶。在南側的窗戶方面,室溫的狀態會根據「上午與下午的陽光是否有照進窗戶內」而產生變化。「House M」所採用的翼牆對於這種高度很低的日照很有效。

雖然土地很寬廣時,不會產生問題,不過當土地很狹窄,或是建築物四周都是繁忙的市區時,「如何吸收太陽的能源」這一點就會變得非常重要。有效的選項包含了,「把建築物的一部分提高,以吸收太陽的能源」,以及「考慮使用天窗、高側窗(high side light)等」。

日照的遮蔽重點!

在太陽能板與太陽能熱水器方面,設備的效率會依照設置角度而產生變化。如果大家打算裝設此類設備的話,請依照屋頂的情況來選擇最適當的角度(參閱P67)。如果住宅位在市區,而且設備只能裝設在其中一邊時,我們認為,大家應該選擇「能夠引導陽光直接照進室內的方法」。

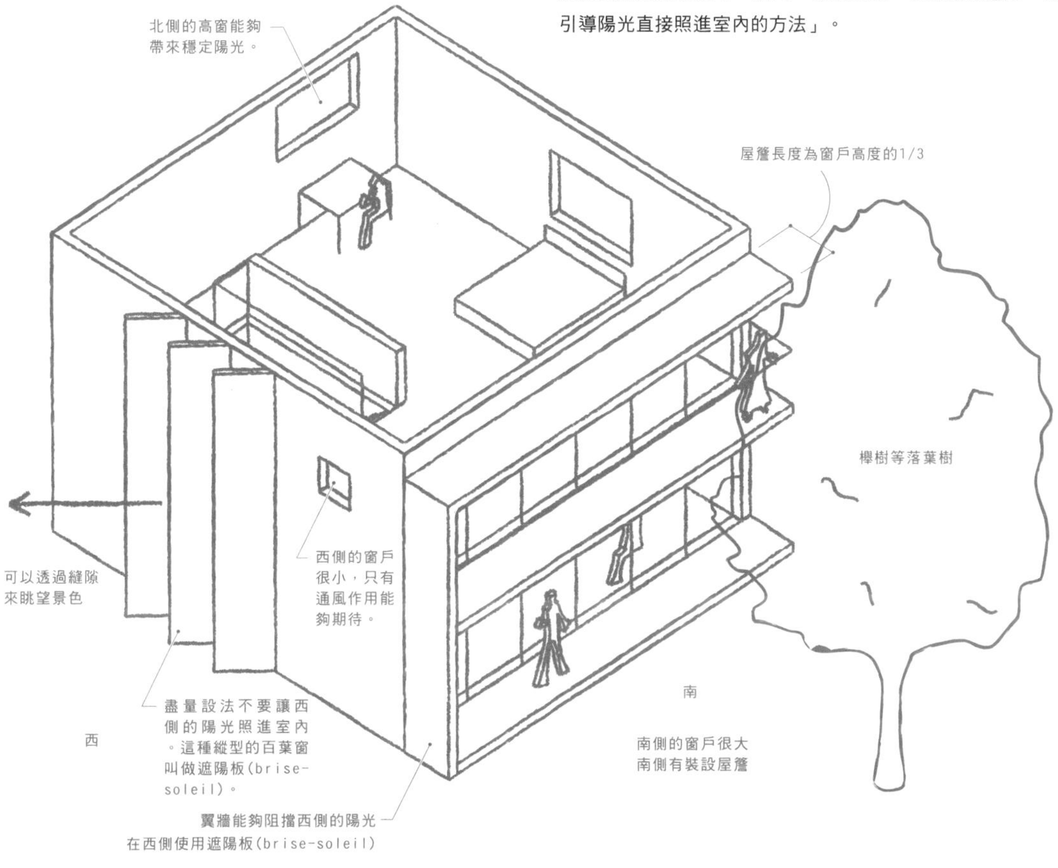

北側的高窗能夠帶來穩定陽光。

屋簷長度為窗戶高度的1/3

櫸樹等落葉樹

可以透過縫隙來眺望景色

西側的窗戶很小,只有通風作用能夠期待。

盡量設法不要讓西側的陽光照進室內。這種縱型的百葉窗叫做遮陽板(brise-soleil)。

翼牆能夠阻擋西側的陽光
在西側使用遮陽板(brise-soleil)

西

南

南側的窗戶很大
南側有裝設屋簷

13 地板／地基

從腳下開始加強隔熱措施吧！

在冬天，會從腳下開始發冷。確實地對該處採取隔熱措施吧！

■ 即使是土壤，也要確實進行隔熱措施

在闡述基礎知識前，我們想要先解開人們對於土壤的誤解。雖然一般來說，土壤中有地熱（參閱P74），但靠近地表的部分還是容易受到氣溫的影響。我們認為，土壤的熱傳導率非常仰賴含水量，其數值為1.5～2.0W/mk。因此，即使是土壤，也要確實進行隔熱措施。在生態住宅中，地基的隔熱也是必要的。

生態住宅的隔熱方法大致上可以分成兩種。其中一種方法是，包含地基在內都要進行隔熱。另一種方法則是，在緊鄰一樓地板的地下部分進行隔熱。這兩種方法的巨大差

地板上方隔熱／鋼筋混凝土建造（大町聯排住宅，P126）

此範例為，對鋼筋混凝土建造的住宅進行整修。不用將原有的地基底板挖起，而是要從側面來增強隔熱性能。在地基的部分，會使用透濕阻力很高的「擠壓成形聚苯乙烯發泡板」來施工，使其到達地面下300～500mm的深度。地板的施工會使用厚度20mm的真空隔熱板。在狹道部分，我們會設法透過「鋪上隔熱性能遠優於土壤的再生發泡玻璃碎石」來減少地基的熱損失，並改善建築物周圍的排水功能，以防止隔熱材料處於潮濕環境中。

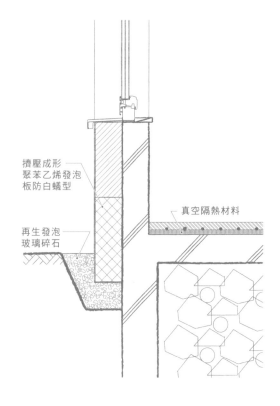

擠壓成形聚苯乙烯發泡板防白蟻型

再生發泡玻璃碎石

真空隔熱材料

地板隔熱（久木之家，P132）

當預算不足以進行地基下方隔熱時，可以選擇此工法。這是一種能夠將牆壁的隔熱性能傳送到地板下方的工法。藉由此工法，隔熱線會與屋簷、牆壁、地板連接在一起。關於地板下的隔熱材料的施工，市面上有許多專門用來進行此工法的成品。雖然此工法既簡便又好用，但是在玄關與位於一樓的浴室，隔熱層無法連接在一起。隔熱性能會變弱就是此工法的缺點。

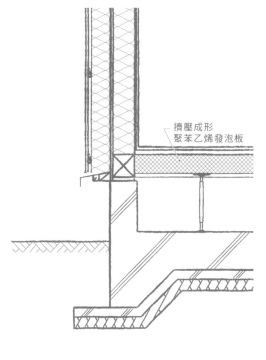

擠壓成形聚苯乙烯發泡板

異在於，是否有把「由熱容量很大的混凝土所構成的地基」當成蓄熱體，並積極地用於室內。

■ 要從地基開始隔熱，還是要透過地板來隔熱

採取「能夠在地板正下方製造隔熱層」的地板隔熱工法時，在浴室等處會採用木造結構工法，而且隔熱層大多會被「與玄關等泥土地緊鄰的部分」切斷。這可以說是一種「能夠補足隔熱性能的不足之處」的簡單方法。

另一方面，當施工範圍到達地基底板下方時，我們會透過防水的觀點，使用「擠壓成形聚苯乙烯發泡板」來當做地基直立部分外側的隔熱材料。如果使用一般的聚苯乙烯發泡板的話，就會遭受白蟻侵襲，因此，使用經過防蟻處理的隔熱材料應該會比較好。另外，透過蟻類無法入侵的金屬板來製作防蟻板也是一個好方法。由於與「在地板正下方製造隔熱層的情況」相比，此方法所使用的隔熱材料會比較多，所以施工費會變高，儘管如此，此方法的效果還是比較好。

如果大家可以像這樣地在地基部分的下方建造隔熱層的話，地基板本身就會成為蓄熱體。請大家一邊讓空氣通過地板下方，使空氣變得乾燥，一邊把地基當成「供暖設備的通道」或「蓄熱體」來運用吧！

地基隔熱（山形生態住宅，P110）

在這些實例中，山形生態住宅位於最北側，經濟上也最為寬裕。山形生態住宅採用了經過防蟻處理的擠壓成形聚苯乙烯發泡板，厚度為150mm，而且在底板部分也同樣鋪上了擠壓成形聚苯乙烯發泡板，厚度為100mm。由於白蟻會吃聚苯乙烯發泡板，所以從這一點來看，外牆四周的防蟻措施是必要的。另外，為了預防萬一，所以要裝設能夠發現入侵地基的蟻類的防蟻板。

地板＋地基隔熱（福岡被動式節能屋，P146）

雖然此住宅使用「經過防蟻處理的擠壓成形聚苯乙烯發泡板」來進行地基下方隔熱，並採用了金屬板製成的防蟻板，不過，由於沒有計畫要設置「地板下供暖裝置」等熱源，而且地板收尾工程用的木質地板是塗上聚氨酯的硬木，所以為了盡量減緩「來自地板的輻射所產生的影響」，我們使用玻璃棉來進行地板隔熱。而且，為了安全起見，我們還在地板的結構用合板上設置了氣密層。

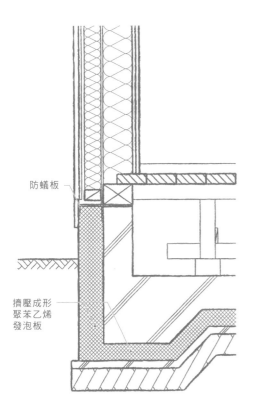

防蟻板

擠壓成形
聚苯乙烯
發泡板

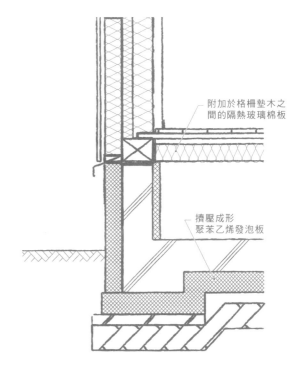

附加於格柵墊木之間的隔熱玻璃棉板

擠壓成形
聚苯乙烯發泡板

環保牆壁是什麼樣的牆壁？

只要能夠確實做好牆壁隔熱，家中能夠有效使用的空間就會變大。

■ 透過多層牆壁來進行隔熱吧！

從外牆的部分說起吧！在住宅特別密集的市中心地區，大家會想要讓牆壁的厚度盡量變薄，以確保較寬敞的房間。因此，我們非常清楚大家那種「不想為了放進隔熱材料而增加牆壁厚度」的心情。不過，為了確實做好隔熱工程，牆壁還是需要具備某種程度的厚度才行。如果無論如何都不想增加牆壁厚度的話，也能夠藉由「增加屋頂的隔熱材料」來加強隔熱性能。不過，要是市中心的土地很小的話，牆壁就會相對地需要比屋頂更好的隔熱性能。在那種情況下，也可以透過「選擇高性能的隔熱材料」來應付。

基本上，環保牆壁的構造由外而內可分成，通風層、防水層、隔熱材料、氣密層、

理想的牆壁

即使位於關東以西的地區，光靠能在柱子與柱子之間進行隔熱的「軸間隔熱工法」，還是很難接近「理想的牆壁」這個目標。除了「軸間隔熱工法」以外，我們還是要再採取「附加隔熱工法」。在此，我們試著把施工難度比較低的實例畫成了示意圖。在右圖的實例中，我們在「120mm的柱子之間的玻璃棉」與「用來當作結構材料的膠合板」的外側貼上了50mm厚的玻璃棉板。

我們也不能忘了建造通風層。萬一濕氣進入牆壁內時，就要靠通風層來處理。另外，思考如何將那些空氣排出也很重要。

蓋在寒冷地區的山形生態住宅的牆壁

在200mm厚的軸間隔熱玻璃棉板的外側貼上膠合板、外接式玻璃棉墊，更外側的部分則是木絲水泥板、通風層、泰維克布、木質外牆。以這樣的方法來觀察設計圖後，會覺得牆壁相當厚，不過，實際在建造時，並不會覺得那麼不協調。

山形生態住宅牆壁的實物大小模型

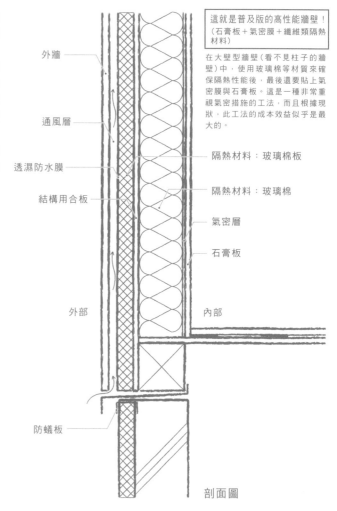

外牆

通風層

透濕防水膜

結構用合板

外部

防蟻板

這就是普及版的高性能牆壁！
（石膏板＋氣密膜＋纖維類隔熱材料）

在大壁型牆壁（看不見柱子的牆壁）中，使用玻璃棉等材質來確保隔熱性能後，最後還要貼上氣密膜與石膏板。這是一種非常重視氣密措施的工法，而且根據現狀，此工法的成本效益似乎是最大的。

隔熱材料：玻璃棉板

隔熱材料：玻璃棉

氣密層

石膏板

內部

剖面圖

內牆。氣密層是緊鄰內牆的外側部分，接線盒等設備要使用氣密性高的產品，導管類要用東西貼住（氣密措施）。

如果土地很充裕的話，在外側採用50～100mm左右的附加隔熱工法也是有效的。在第II·III地區，此方法應該會成為必要的應對措施吧！

■ 檢查牆壁的安全性！

在木造住宅中，由於木材本身具有某種程度的隔熱性能，所以在隔熱工法方面，無論採取外牆隔熱工法，還是軸間隔熱工法，都沒有問題。最重要的是，隔熱材料的量。當軸間隔熱工法的性能不足時，就要採取應對措施，在外側增加隔熱材料。在牆的外側，必須要有通風層，在牆的內側，氣密層則是必要的。這是為了要防止「溫暖潮溼的空氣在牆壁中被冷卻，並凝結成露水」。這種現象稱為「牆內結露」，不僅會導致隔熱材料的性能下降，也蘊藏著「透過水分來破壞建築物，使建築物的壽命縮短」的風險。我希望大家盡量使用自然材質的隔熱材料。玻璃棉是玻璃的回收製品，所以沒什麼問題。另外，擠壓成形聚苯乙烯發泡板等會用於需要用水的地方。這是因為，玻璃棉與木質類的材料對濕氣的抵抗力很弱。在那種情況下，必須採取白蟻對策，並使用適合的抗白蟻性材料。

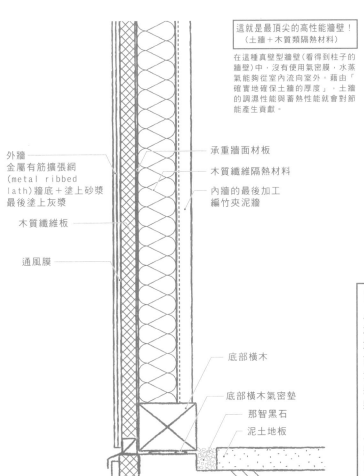

這就是最頂尖的高性能牆壁！
（土牆＋木質類隔熱材料）

在這種真壁型牆壁（看得到柱子的牆壁）中，沒有使用氣密膜，水蒸氣能夠從室內流向室外。藉由「確實地確保土牆的厚度」，土牆的調濕性能與蓄熱性能就會對節能產生貢獻。

外牆
金屬有筋擴張網
（metal ribbed lath）牆底＋塗上砂漿
最後塗上灰漿

木質纖維板

通風膜

承重牆面材板

木質纖維隔熱材料

內牆的最後加工
編竹夾泥牆

底部橫木

底部橫木氣密墊

那智黑石

泥土地板

剖面圖

市中心的牆壁厚度問題

人們常說，由於日本的地價很高，所以無法把牆壁造得很厚。不過，在市中心，由於建築物的建築面積很小，而且高度會變高，所以相對地，牆壁的面積會變得非常大。因此，牆壁的隔熱會變得非常重要。這是一項終極的選擇。我們應該選擇「把牆造得較薄，使室內變得較寬敞」，還是「把牆造得較厚，提昇舒適度」呢？事實上，由於市中心的住宅大多很狹小，牆壁表面溫度會對住宅造成很大的影響。正因為如此，所以我們認為「把一些東西丟棄，讓空間變大，並確實做好牆壁的隔熱措施」應該會比較好。

15 屋頂

不僅能遮雨,也能吸收光線與能源

試著把屋頂當成環保設備的一部分來思考吧!這樣就能看到與過去不同的景象。

■ 屋頂是採光口

生態住宅的目的在於「如何一邊節約能源,一邊創造出舒適的空間」。在思考「有效率地使用能源」時,屋頂也會成為很重要的部位。在此,我們要向大家介紹關於屋頂的3項重點。

第一點為採光方法。在進行採光時,要考慮到屋頂的傾斜角度。在市中心,高側窗(位於高處的窗戶)與天窗是非常有用的採光口。

夏天進行遮陽,冬天進行採光。在日本的任何地區,這都是不變的法則。夏天的日照對策特別需要好好思考。另外,如果窗戶可以開關的話,那些窗戶就能促進「浮力通風(利用『暖空氣會上昇,冷空氣會下降』這

屋頂能夠吸收光線,也能吸收能源

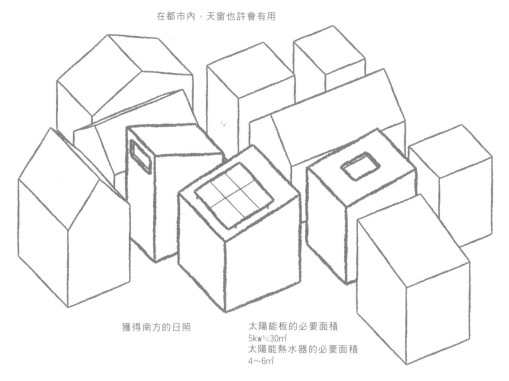

在都市內,天窗也許會有用

獲得南方的日照

太陽能板的必要面積
5kw≒30㎡
太陽能熱水器的必要面積
4～6㎡

即使被周圍的房子包圍住,由於建築物的北側高度是有限制的,所以二樓會比較容易取得日照。如果四周都是建築的話,就只能採用天窗。

種空氣溫差的通風方法）」，並成為有效的換氣窗。

第二點為，屋頂的隔熱。覆蓋整棟住宅的屋頂是會取得最多日照能源的部位。因此，該處的隔熱非常重要。為了讓屋頂擁有很高的隔熱性能，所以我們希望即使是關東以西的次世代節能標準第ⅠV地區，也要使用400mm的高性能玻璃棉（24k），最少也要有300mm。

■ 屋頂會製造出能源

最後一點為，設置太陽能電池‧太陽能熱水器的可能性。一般來說，只要一提到生態住宅的話，人們的印象就是有裝設太陽能電池或太陽能熱水器的住宅。不過，我們腦中的生態住宅卻未必需要那些設備。重點在於，要依照整體的能源平衡與設計來選擇設備。

而且，如果要安裝設備的話，也必須讓設備有效率地運作。我們認為，朝向南方20～30˚的屋頂是最有效的。

接著，我們也不能忘了「利用屋頂的雨水」這一點。希望大家務必要好好活用聚集在屋頂上的雨水（參閱P80）。

屋頂隔熱的基礎

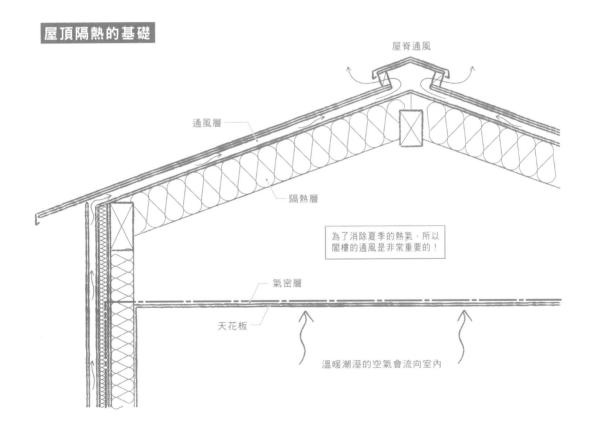

屋脊通風

通風層

隔熱層

為了消除夏季的熱氣，所以閣樓的通風是非常重要的！

氣密層

天花板

溫暖潮溼的空氣會流向室內

我們必須讓通風層相連，並透過上升氣流的誘導效果來將熱氣排出室外。另一方面，如同上圖那樣，雖然氣密層位在天花板正上方也無妨，不過由於天花板上經常會有照明設備、空調、天花板檢查口等許多機器設備，所以還是設法將氣密層設置在隔熱材料的正下方會比較適當。

16 窗戶

窗戶具有什麼作用呢？

窗戶是隔熱的關鍵，同時也是氣流的出入口。

■ 高性能窗框也開始在日本變得普及

在不久之前，窗戶的性能很差，並成為瓶頸，想要實現「兼具高隔熱性能與高氣密性的住宅」是很困難的。不過，近年來，外國產品的隔熱性能有了大幅度的進步。然而，在日本，由於廠商的規模很大，而且要以市場規模的規模利益為優先，所以要發展多樣化的商品性能並不容易。對於能源問題來說，窗戶是非常重要的部分。我們會一邊以設計者的身分提出各種建議，一邊期待新的高性能窗框。

即使沒有達到外國製造的被動式節能屋等級，但「鑲上低輻射雙層玻璃的鋁材樹脂複合型窗框」與「隔熱性能更高的樹脂窗框」

把任務分派給各個窗戶吧！

用來通風的窗戶 ●

在房間的對角上，最好必須有兩個窗戶。房間內如果因為風向而變成無風狀態的話，就糟糕了。另外，當房間處於無風狀態時，為了促進浮力通風，所以房間的上部與下部最好要有窗戶。當風從位於下方的窗戶往上吹時，人們會容易感受到風，並感到更加舒適。

人類可以透過風的流動來控制體感溫度。據說，當房間內吹起風速1m的風時，體感溫度會下降1℃。在建築物的隔熱性能很充足的生態住宅中，牆壁與天花板的表面溫度會變得與室溫相同，不必要的輻射熱會消失，所以人們可以過得更加舒適。而且，我們還能感受到輕柔的風。

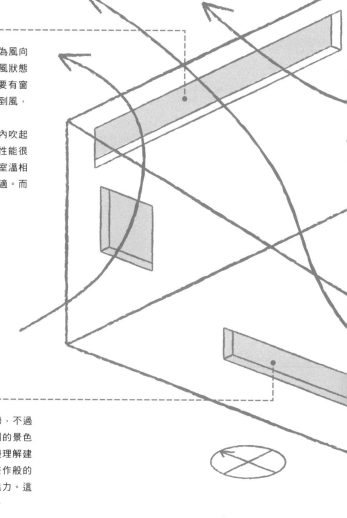

用來眺望景色的窗戶 ●

雖然這與溫熱性能沒有直接的關聯，不過對於建築物來說，從室內所眺望到的景色是非常重要的。如果我們能夠一邊理解建地的周遭環境，一邊想出「如同畫作般的窗戶」的話，就能提昇建築物的魅力。這種長方形窗戶就是用來觀賞景色的。

等在國內也開始變得很普遍（在下個章節中，我們會比較高性能木製窗框、樹脂窗框、鋁材樹脂複合型窗框）。

■ 窗戶位置的選擇訣竅

窗戶不僅能夠隔熱與取得日照，從通風的觀點來看，窗戶也非常重要。在各個房間的窗戶配置方面，不平行的兩面牆各需要一扇以上的窗戶。透過這種配置，我們就能按照風向，讓風確實地從其中一扇窗吹進室內。此時，事先瞭解各個季節會吹的風（盛行風）的方向與強度是很重要的。另外，由於在周遭建築物的影響下，可能會產生某種固定方向的風，所以在興建住宅前，也應該先調查這一點。

此外，從剖面圖來看，在上升氣流的方向，必須要有入口與出口這兩扇窗。在中間的季節（「必須持續開冷氣的夏天」與「必須持續開暖氣的冬天」以外的季節），針對通風所採取的對策是非常重要的。在這些對策中，「利用浮力通風來讓風由下往上通過建築物內部」會變得很重要。氣流一旦形成，就有更多空氣會沿著氣流的方向流動。

● 用來採光的窗戶

從採光的觀點來說，最理想的情況為，北側窗戶的光線很穩定，書房與工作室等場所能夠得到必要的陽光。不過，由於熱損失很大，所以我們必須充分地留意窗戶的大小與性能。如果房間位在最上層的話，天窗是有用的。由於天窗的亮度是一般窗戶的三倍，所以天窗只需要很小的面積就夠了。不過，由於比起垂直的窗戶，天窗所帶來的熱能會相對地多，所以也必須注意這一點。

● 能夠取得日照的窗戶

由於這種窗戶能夠有效地取得冬季的日照，所以我們要盡量在南側設置大一點的窗戶。另一方面，為了遮蔽夏季的日照，所以屋簷是必要的。根據資料，在關東以西的地區，比起「使用三層式玻璃來提昇隔熱性能」，透過雙層玻璃來取得日照比較能夠減少整年的能源消耗量。無論如何，這種能夠直接取得熱能的窗戶也會成為決定房間配置圖的要素。相反地，在夏季，西側的窗戶會讓過量熱能入侵到室內。重點在於，盡量不要在西側設置窗戶。

Point of Design　**Q值與舒適度的平衡**

我們認為日本的一般住宅設置了太多窗戶。宛如從商品目錄中複製貼上的外觀絕對不美麗。窗戶的種類一多，就會變得像商品目錄那樣。我們認為「盡量減少窗戶種類，並清楚地分配任務」這一點能夠節省建築物的設計預算。

另一方面，在歌頌溫熱環境優點的廠商的住宅中，只要考慮到通風與換氣，就會讓人覺得窗戶太小了。由於窗戶是造成熱損失的原因，所以只要縮小窗戶尺寸，成本就會降低，用 Q 值來表示的溫熱性能也會自動地提昇。即使如此，還是無法確保本質上的舒適度。偏重 Q 值的主義是非常危險的。無論情況如何，平衡都是很重要的。

各部位的熱損失

地板面積120m²，Q值2.7的次世代節能標準等級的住宅

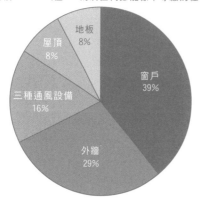

雖然在一般住宅的表面積中，窗戶所佔的比例不到10％，不過在次世代節能標準等級的住宅中，窗戶所產生的熱損失佔了整體的將近四成。這是使用嵌入雙層玻璃的鋁材樹脂複合型窗框的情況，如果是「單層玻璃＋鋁製窗框」的話，熱損失會變得更大。

各國的窗戶U值比較

國名	窗戶的隔熱性能W/m²K（義務標準）
芬蘭	1.0
德國	1.3
奧地利	1.4
丹麥	1.5
捷克	1.7
英國	1.8
匈牙利	2.0
法國	2.6
義大利	2.0-4.6
西班牙	2.1-2.8
中國（北京）	2.0
中國（上海）	2.5
日本	沒有義務基準

根據某項資料，在日本，佔了出貨量大半的窗戶的U值低於義大利的義務基準U值4.6。看了P54的「加熱度日」的圖表後，就能得知，我們必須在日本制定與法國差不多的義務基準。

窗戶是隔熱性能不佳的牆壁。不過，只要日照能夠照進來的話，我們就能取得能源。

低輻射雙層玻璃的構造

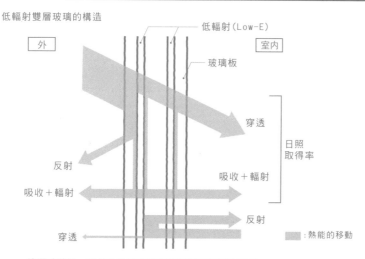

挑選玻璃時，要檢驗熱傳導係數與日照取得率的平衡
（請實際用打火機的火焰來檢查看看吧！）

一邊觀察「日照取得率與隔熱性能的平衡」，一邊靈活運用玻璃是很重要的。使用雙層玻璃時，可以透過「讓空氣層達到最厚（18mm）」來提昇隔熱性能。在這之後，如果還想要更加提昇隔熱性能的話，就必須讓空氣層變成雙層，所以要使用三層式玻璃。比起乾燥空氣，填入氙氣或氪氣比較能夠提昇隔熱性能。雖然低輻射鍍膜能夠將「來自室內外的熱能」反彈回去，而且是一種肉眼看不見的膜，不過我們只要將打火機的火焰靠近玻璃，就能知道低輻射鍍膜是否存在。

Point of Design　**對整修工程來說，窗戶是很重要的項目**

在住宅內，想要提昇牆壁的隔熱性能是比較簡單的。隔熱材料的價格並沒有那麼昂貴。另一方面，如果要讓窗戶的性能變得越高的話，就需要花費越多成本。為了讓生態住宅能夠更加普及，國內的廠商首先應該致力於窗戶的研究。

在進行整修時，窗戶也會變得非常重要。在公寓大廈等集合式住宅內，依照規定，想要更換窗戶是很難的。為了因應這種情況，所以能夠新加裝在內側的「內窗」便出現了。最近，內窗也成為環保點數的對象，普及程度大幅提昇。

一般來說，人們認為，用鋼筋混凝土建造的公寓大廈擁有很高的氣密性，而且周圍的建築單元內的空氣會發揮隔熱材料的作用，因此溫熱環境相當良好。只要日照充足的話，就不太需要使用暖氣。也就是說，只要改善窗戶的話，就能大幅改善溫熱環境。請大家務必嘗試看看。

進口的高性能木製窗框＋三層式玻璃（窗戶的平剖面圖）

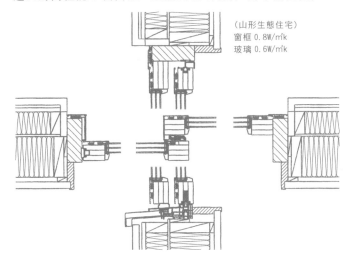

（山形生態住宅）
窗框 0.8W/㎡k
玻璃 0.6W/㎡k

此窗戶是「山形生態住宅」(P110)所採用的德國木製窗框。窗框很堅固，可以支撐三層式玻璃。木製窗框本身不僅具備隔熱性能，木框之間還夾了隔熱材料。人們經由持續的努力，最後終於研發出這種性能非常驚人的窗戶。不過，由於重量很重，所以施工時會很辛苦。

國產樹脂窗框＋三層式玻璃（窗戶的平剖面圖）

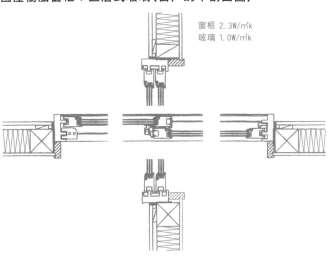

窗框 2.3W/㎡k
玻璃 1.0W/㎡k

這個日本製的三層式玻璃窗框是樹脂（塑膠）製的。由於日本的防火標準很嚴格，所以在日本並不普遍，不過在歐洲有很多人用。我認為此窗框也很適合日本的小型住家。國外也有隔熱性能與「上述的高性能木製窗框」相同的樹脂窗框。

國產鋁材樹脂複合型窗框＋雙層玻璃（窗戶的平剖面圖）

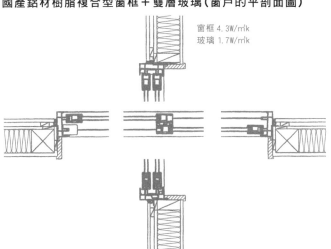

窗框 4.3W/㎡k
玻璃 1.7W/㎡k

在約30年前，就有人開始使用這種窗框了。雖然在以前，這種窗框是奢侈品，不過由於現在已經能夠大量生產，價格也變得很便宜，所以成為了任何住宅都會採用的標準規格。基於人們對於溫熱性能的要求，所以普及的重點在於「不會結露，而且也不會讓人感覺寒冷的舒適窗戶」。今後，人們所追求的是溫熱性能，而且進步的速度應該會變得更快吧！

17 屋簷・翼牆

能夠微調日照量的窗戶配件

把建築物的一部分當成環保設備來利用吧！最重要的部分就是屋簷。我們可以把翼牆當成「能夠捕捉風的捕風牆或遮陽板（brise-soleil）」來使用。

■ 透過方位來思考日照的調整

在地球上，由於日本位在中緯度地區，所以我們應該可以說「屋簷是最重要的環保設備」。屋簷是用來控制日照能源的關鍵部位。

在夏季，日照的中天高度約為80°，在冬天，日照的中天高度約為30°。在這種情況下，人們認為屋簷的突出長度要達到開口部位高度的1/3左右，才會產生效果。

不過，我們必須注意到的是「屋簷終究只會對朝向南方的那側產生作用」這一點。由於太陽的軌跡是「從東方出發，通過南邊後，達到西方」，所以屋簷不太能夠阻擋

能夠控制日照能源的方法

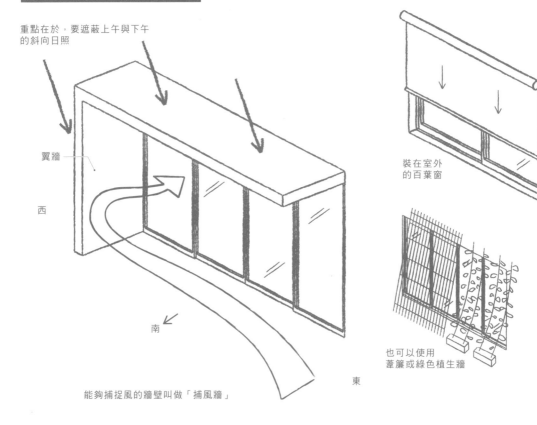

重點在於，要遮蔽上午與下午的斜向日照

翼牆

西

南

東

能夠捕捉風的牆壁叫做「捕風牆」

裝在室外的百葉窗

也可以使用葦簾或綠色植生牆

對南側的窗戶來說，屋簷是非常重要的。請大家讓屋簷的突出長度達到開口部位高度的1/3吧！藉由那樣做，就能夠遮蔽夏季的日照，並取得冬季的日照。如果有優秀的室外百葉窗的話，就沒話說，不過，由於日本偶爾會遭受颱風侵襲，所以廠商不想做太複雜的事。雖然簡單，但葦簾與綠色植生牆也都是

有意義的。居民也可以去思考「要如何保護住宅」與「要使用什麼方法」等問題。今年，在作者自家中，由於西側的小窗實在過於炎熱，所以就透過絲瓜來抵禦陽光。
絲瓜變成了值得一天澆好幾次水的綠色植生牆。

「來自高度較低的東方或西方的光線」。如果想要有效地阻擋那些光線的話，可以使用室外百葉窗或是栽種草木。

在「山形生態住宅」的實例中，我們可以得知，基本上，任何一棟住宅的屋簷都會往外突出。在山形縣，為了防止過多熱能在「春季、秋季出現較高的氣溫時」與「日照會從外部照進室內的上午與下午時間」進入室內，所以屋簷的突出部分會特別長。另外，翼牆不僅能夠應付日照的問題，還能夠發揮「能夠將周遭的盛行風（經常會吹的風）帶進室內的捕風牆」的作用。在此實例中，建築物的設計與環境績效結合得很好。

我們只要使用「溫熱環境模擬軟體」，就能得知「依照建築物的偏差角度，屋簷與翼牆能發揮多少作用」。我們在設計時，只要一邊觀察數據，一邊選擇效果較高的方法就行了。

■ 透過整修能做到的事情

在整修工程中，「改用雙層窗」會比「更換玻璃」來得有效。這是因為，透過雙層窗，能夠封住的空氣量比較多。另外，市面上也有許多「能夠裝在窗戶上，並把空氣關在室內」的隔熱商品，像是窗簾、百葉窗，或是蜂巢簾等。由於窗戶的缺點是隔熱性能，所以我們只要透過這種方式來彌補缺點就行了。

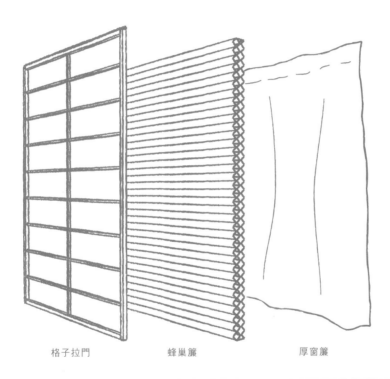

即使是同樣的材質，根據安裝位置在室內或室外，日照遮蔽能力的差距也會達到三倍以上。最好能夠在建築物的外部遮蔽熱能。如果難以辦到的話，就在內部遮蔽熱能吧！

格子拉門　　　　蜂巢簾　　　　　厚窗簾

透過採光窗簾，可以遮蔽來自室外的視線與日照，並同時提昇亮度。

在精確的位置，透過不透明的布料來把「視線會通過的高度」蓋住，上下的部分只要合併使用「由能夠採光的透明布料所製成的百摺窗簾」等即可。另外，由於格子拉門與磨砂玻璃之類的半透明材質具有使光線擴散的特性，所以比起透明玻璃的窗戶，這類材質更能夠平均地照亮室內的深處。

能夠用來採光的透明布料

Nichibei公司製造的「莫納米百摺窗簾」

18 栽種草木

透過栽種草木控制日照、風、溫度等所有要素

在沒有隔熱材料與電力的時代，庭園內的綠色草木會負責「調整溫度感覺」的功能。

■ 控制氣溫、日照、風

　草木不僅具備隔熱性能，還能夠控制日照、風、氣溫。只要有寬度50cm的土壤，就能栽種草木。不要把這件事想成是在「蓋一座很棒的庭園」，而是要想成是在「建造一個環保設備」。另外，我們只要把修剪枝葉、清掃落葉、拔除雜草等管理工作當成健身運動的話，這樣不但有助於環保，還能讓自己變得很健康。

　透過陰涼處與植物的蒸散作用，夏天的綠地溫度會比室外的柏油地涼爽5℃以上。最簡單的環保種樹法就是「考慮日照的方向，在建築物的南側與西側種植落葉樹，並在北

考慮季節的風向來種植草木

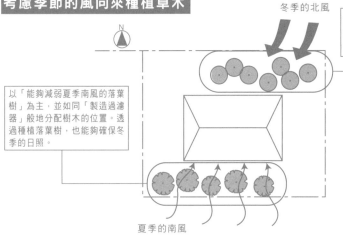

冬季的北風

為了抵禦冬季的寒冷北風，所以要透過「種植黑櫟等耐寒耐風的常綠樹」來製造出一道牆。

以「能夠減弱夏季南風的落葉樹」為主，並如同「製造過濾器」般地分配樹木的位置。透過種植落葉樹，也能夠確保冬季的日照。

夏季的南風

在冬季，種植在北側的常綠樹可以阻擋北方的寒風，避免建築物變得寒冷。在群馬縣，許多民家為了抵禦寒冷的乾旱風，會使用名為「櫟樹籬」的黑櫟來設置很高的籬笆。

透過落葉樹來控制日照

① 夏季的日照

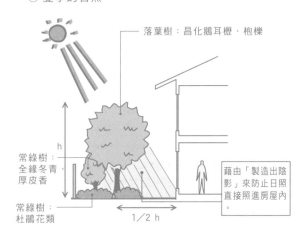

落葉樹：昌化鵝耳櫪、枹櫟

常綠樹：全緣冬青、厚皮香

常綠樹：杜鵑花類

h

1/2 h

藉由「製造出陰影」來防止日照直接照進房屋內。

② 冬季的日照

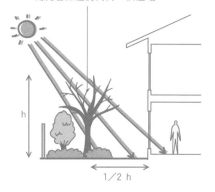

在冬季，葉子會掉落陽光會照進房間內，很溫暖

h

1/2 h

側種植常綠樹」。落葉樹在夏天能夠遮蔽來自南側與西側的強烈日照，在冬天，由於葉子會掉落，所以能夠取得日照。在此，大家要注意的是南側的種植密度。由於夏季會吹南風，所以在種樹時，要空出一個能夠讓風輕易通過的空間。

在冬季，種植在北側的常綠樹具有「阻擋北方的寒風，避免建築物變得寒冷」的效果。為了建造出堅固的綠色植生牆，所以我們應該將「成排種植法」與樹籬結合起來。

■ 使用環保的樹種

環保的樹種指的是「容易修剪，不會引發病蟲害，適合日本的自然環境，不會破壞日本自然環境的樹木」。這類樹木大致上都是常見於日本山野與老式日本庭園的樹木。由於先人們所採用的是「容易修剪、容易取得、容易繁殖」的樹種，所以很少會引發病蟲害。如果大家不知道要使用什麼樹種的話，請試著到古老的庭園內看看。那裡應該會有很多提示。

山崎誠子（日本大學理工學院 建築系助教）

能夠把風引進來的植栽設計實例

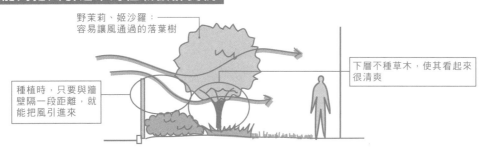

選擇樹葉生長方式比較不密集的樹木，讓風能夠容易通過。

能夠減緩風勢的植栽設計實例

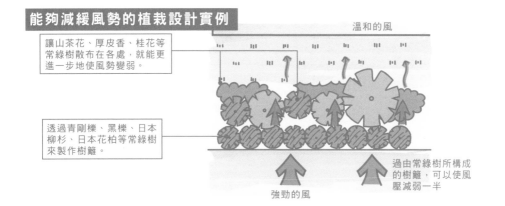

會出現在日本山野的代表性庭園樹木

	常綠樹	落葉樹
喬木	赤松、羅漢松、日本金松、青剛櫟、烏岡櫟、樟樹、鐵冬青、黑櫟、厚皮香、楊梅、交讓木	鵝耳櫪、昌化鵝耳櫪、雞爪槭、野茉莉、連香樹、麻櫟、枹櫟、日本辛夷、九芎、日本七葉樹、紅山紫莖、合花楸、姬沙羅、山櫻、四照花
大灌木	齒葉冬青、茶梅、珊瑚樹、白新木薑子、具柄冬青、紅楠、灰木、日本山茶	小葉梣、垂絲衛矛、日本紫珠、西南衛矛、山柳
灌木	皋月杜鵑、厚葉石斑木、海桐、凹葉柃木	台灣吊鐘花、山杜鵑、珍珠繡線菊、棣棠花、山胡枝子

決定想要種植的植物後，試著閱讀植物圖鑑吧！在自然分布區域這個項目中，如果大家所居住的區域有在範圍內的話，就可以種植。不過，由於海邊與高山地帶的環境很特殊，所以必須要多留意。首先，請挑選會出現在日本山野間的草木，接著再挑選「容易管理的草木」、「符合居住地點的植栽設計的草木」。只要依照這種順序來挑選即可。

第 2 章　透過設備能夠做到的事

在本章中，我們要一邊掌握「從暖氣、冷氣、通風設備到可再生能源等」各個項目的基礎，一邊學習「可以加裝在人們所居住的『住宅空間』的設備」。透過設置單一設備，並無法創造出舒適的環境。我們必須藉由「住宅空間」與各種設備之間的平衡，才能創造出舒適的環境。不過，雖說要注重平衡，但卻很抽象對吧！在此，我們會針對「各種設備所帶來的能源的概念」來進行淺顯易懂的說明。

透過降低尖峰負載轉換能源

隨季節採取「轉移尖峰負載對策」

由於冷暖氣的能源會隨著建築物性能而產生很大的變化，而且季節差異也很大，所以如果想要以「轉換能源」為目標的話，就必須事先正確地掌握這些能源。

■ 耗電量的顛峰會出現在夏季

除了九州以南的地區以外，在「住宅內的能源消耗量總量」方面，比起夏季的冷氣設備，冬季使用供暖設備期間的能源消耗量會比較多。不過，由於供暖設備與「集中在空調設備的夏季冷氣設備」不同，除了電力以外的熱源，人們也能夠使用瓦斯或煤油來當作供暖設備，因此耗電量的顛峰會出現在使用冷氣設備的夏季。因為用於一般冷氣設備的熱幫浦會使用電力，所以據說在平日的白天，辦公室等處的冷氣設備會全力運轉，尤其是在下午兩點左右，全日本的耗電量會達到顛峰。幸好，我們能夠透過太陽能發電

室外溫度會大幅偏離舒適區

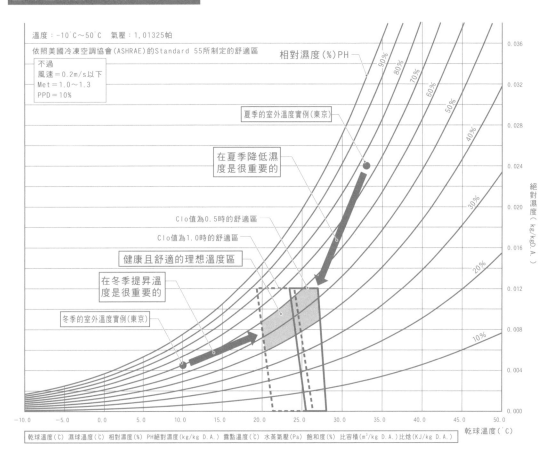

我們可以得知，東京的室外溫度(●記號)已經完全脫離舒適且健康的區域(夏季為虛線、冬季為實線)。因此，我們必須使用冷暖設備所需的能源來使室內成為既舒適又健康的環境。我們

所設計的「節能住宅構造」不是要居民為了節能而放棄那種環境，而是要居民透過最低限度的能源來創造出既舒適又健康的環境。

來提昇發電量，以應付夏季的用電高峰。我們會感到熱，是因為日照很強烈，這是理所當然的事。因此，在夏季的節能方面，太陽能發電會變得很可靠。因為藉由運用被動式設計，可以大幅降低空調的使用頻率，而且這種住宅的多餘電力會增加，所以能夠發揮「小型發電廠」的作用，將電力供應給其他用電戶。

■ 冬季的能源轉換觀點

另一方面，只要去思考冬季的節能問題的話，就會發現到，由於供暖設備的用電顛峰期與太陽能發電的發電量顛峰期是錯開的，所以即使想要透過太陽能發電來供應供暖設備所需的電力，很遺憾地，情況似乎並不順利。相對地，我們會設計一棟有確實採取隔熱措施的住宅，然後透過窗戶來將日照引入室內，並將其當成熱能，把熱能儲藏在住宅的骨架中，而且還會透過溫水的形式來利用太陽能，將其用於夜間的保暖，以試圖輕易地完成能源轉換。藉此，就能促使「減輕各個家庭的冷暖設備負荷、降低整個都市的尖峰負載、擴大可再生能源的運用範圍」這些目標達成。

太陽能發電與冷暖設備所需能源的關係

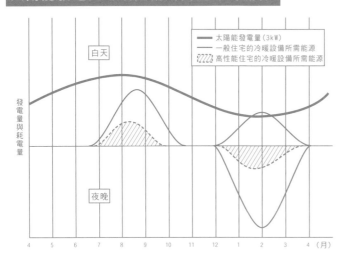

以一棟住宅來說，冬季的預估太陽能發電量不僅無法滿足供暖設備所需的能源，而且供電與用電的時間是錯開的。比起蓄電，透過「徹底強化住宅骨幹，以提昇蓄熱效果」或「以有形的方式來將太陽能保存到夜晚」等方法應該會比較適合。即使如此還是不夠的話，我建議大家透過瓦斯或生物質鍋爐來補足不夠的能源。在引進汽電共生系統方面，理想的作法為，不要以單一住戶為單位，而是要透過「在整個區域中引進此系統」來提昇設備的使用率。

在日本各地，供暖設備所需能源比冷氣設備來得高

住宅內的能源消耗現狀（關於8個都市區的獨棟住宅的比較）

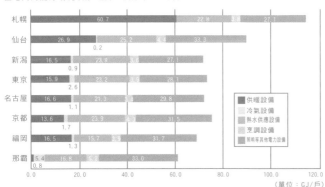

出處：「自立循環型住宅的設計方針」（一般財團法人建築環境‧節能機構）

根據實際情況，除了沖繩以外，全國各地的供暖設備所需能源都遠比夏季的冷氣設備所需能源來得多。我們認為，實際上，多數人都過著並不舒適的冬季生活，而且根據預測，如果住宅性能持續維持不變的話，今後供暖設備所需的能源就會變得越來越高。另外，在統計資料中，由於電熱地毯與電暖馬桶座等明確的「供暖器具」會被列為家電，而且大多不會被包含在供暖設備所需能源中，所以必須要注意。

尋求更加舒適且節能的供暖方法

在高性能住宅中,搭配使用簡單的供暖設備是最環保且舒適的方法。從可用能的觀點來看,我不建議大家從電力中取出熱能。

■ 日本人是否有過度忍受寒冷呢?

只要觀察東京家庭的能源消耗量明細表,就會發現,用於供暖設備的能源佔了整體的約35%。透過下表,我們可以得知,與歐美相比,日本的住宅內供暖設備能源消耗量所佔的比例似乎比較少。這是因為日本的住宅很節能嗎?還是歐洲遠比日本來得冷呢?不,不是那樣的。以法國為例,透過上表,

日本住宅內的供暖設備會使用多少能源呢?

與歐美各國比較「每戶的家庭內各種用途的能源消耗量」(2001年)

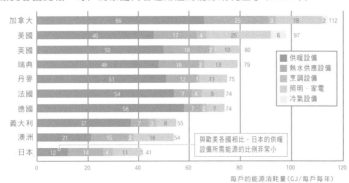

出處:2004年度關於「世界的生活與能源」的調查報告書,(財)社會經濟生產性總部[能源議題論壇](委託人:居住環境調查研究所),2005.3
註:澳洲的數據為1999年的資料,其餘數據為2001年的資料。美國、日本的烹調設備指的是供暖與熱水供應設備以外的瓦斯、LPG(液化石油氣),不包含烹調設備所用的電力。加拿大的烹調設備所需電力是1997年的資料。澳洲的冷氣設備被包含在供暖設備中。

我們經常會看到說明了「與歐美相比,日本的住宅內供暖設備所需能源的比例比較小」這一點的統計資料。請大家一邊好好記住「日本住宅的可居住性不及歐美」與「一年內有將近一萬四千人死於熱休克」,一邊閱讀這些統計資料。另外,電熱地毯與電暖馬桶座等具有供暖功能的設備的耗電量大多會被加總在家電部門中,所以大家必須多留意這一點。

日本的隔熱性能標準落後於世界各國

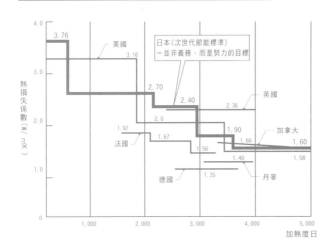

加熱度日越高的話,就代表該地區越寒冷。舉例來說,我們可以得知,在法國,有的地區的加熱度日數值與日本的第Ⅳ區域相同,而且我們也可以得知,與法國相比,日本的努力目標容許每1m²出現1.4倍的熱損失。

透過此圖,我們可以得知,日本的次世代節能標準的評價為「很接近歐美,而且寒冷地區已經足以與歐美匹敵」。不過,根據實際情況,各國的標準是義務標準,只有日本的標準止於努力目標,而且據說在日本新建住宅中,此標準的普及率目前約為30%。

大家應該能夠很清楚地了解到「日本有多落後」了。

我們可以得知，日本家庭的供暖設備能源消耗量遠比法國來得少。不過，透過下表，我們可以得知，即使日本的冬季與法國一樣冷，日本住宅的隔熱性能卻明顯地不及法國。這一點可以證明，日本住宅的可居住性不及歐美，也就是說，日本人過度忍受寒冷。如同P12中所介紹的那樣，我們也能夠透過這一點來說明「在日本，熱休克的致死率很高」這件事。

■ 讓我們來創造出更加舒適且健康的冬季生活吧！
在本書所推薦的高隔熱性能住宅中，我們能夠將夏季與冬季的冷暖設備能源消耗量減少到最低限度。最大的優點在於，很高的可居住性，此外還有「容易控制濕度」、「家中各處的溫度會變得相同」等優點。只要提到「家中各處的溫度會變得相同」這一點的話，大家就會聯想到「中央空調」這個奢侈的詞語，不過，我們實際上只需透過「1～2台六坪用的空調」這種最便宜的供暖設備，就能實現驚人的舒適性與節能目標。如果不使用空調，而是選擇「利用生物質或太陽能的輻射供暖設備」的話，就能節省更多能源。如果預算與地理條件允許的話，我希望請大家務必要使用。

透過「供暖設備種類×建築物性能」，就能改變供暖方式！

暖氣吹出設備×低隔熱性能的住宅
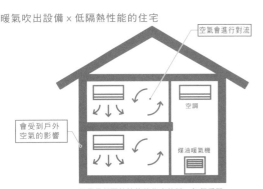
如果是低隔熱性能的住宅的話，每個房間都需要空調。而且，容易產生空氣對流。

輻射供暖設備×低隔熱性能的住宅
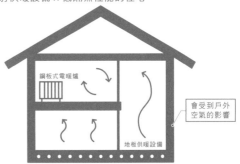
如果是輻射供暖設備的話，空氣就不容易產生對流。不過，如果是低隔熱性能的住宅的話，就會造成能源的浪費。

暖氣吹出設備×高隔熱性能的住宅
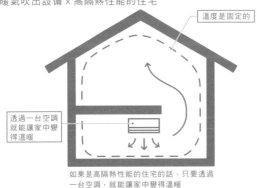
如果是高隔熱性能的住宅的話，只要透過一台空調，就能讓家中變得溫暖

輻射供暖設備×高隔熱性能的住宅

如果是高隔熱性能的住宅的話，透過輻射供暖設備，就能夠節省更多能源

供暖設備大致上可以分成「暖氣吹出設備」與「輻射供暖設備」這兩種。在使用以空調為代表的「暖氣吹出設備」時，如果供暖設備的負荷很大（隔熱性能很差，或是室外溫度很低）的話，就會在室內引起不必要的對流，使人感到不舒適，所以容易被敬而遠之。不過，如果是高隔熱性能的住宅的話，幾乎不會感到不舒適。假如大家有餘力的話，我建議大家採用節能性能更高的系統，像是柴爐之類的設備（木質顆粒爐大多可以分成暖氣吹出型與輻射型）。另一方面，以地板供暖設備為代表的輻射供暖設備不容易引發空氣對流，並被視為品質很高的供暖設備，不過，此類設備大多需要搭配建築工程，所以會提昇整棟住宅的成本。我們可以說，在隔熱性能不好的住宅中，如果想要感到舒適的話，就必須使用輻射供暖設備。不過，一般來說，由於輻射供暖設備的啟動速度較慢，所以在無隔熱性能的混凝土住宅等「性能很差，蓄熱量又很大的建築物」中，不但會浪費能源，也可能無法提昇舒適度。

21 冷氣與除濕

在溫暖地區，降低濕度才是邁向舒適區的捷徑

在面對「夏天與冬天，何者比較令人難受呢」這個問題時，大部分的日本人應該都會回答夏天吧！實際上，與冬天相比，住宅內的冷氣設備所消耗的能源出乎意外地少(參閱P53)。

■ 如果只進行通風的話，室內溫度就會變得跟室外一樣

為什麼很多人都會產生「夏天使用的能源會比冬天來得多」這種錯覺呢？這是因為，由於我們對夏天的高濕度非常敏感，所以只要室溫稍微偏離舒適區的話，我們立刻就會感到不舒服。雖然我們只要稍微吹電風扇或是透過通風，就能降低體感溫度，不過，由於室外的風直接吹進室內後，室內的濕度就會變得與室外相同，所以有時候不會覺得舒適。即使有考慮到節能問題的居民想要設法

住宅內所產生的水蒸氣有將近10公升！

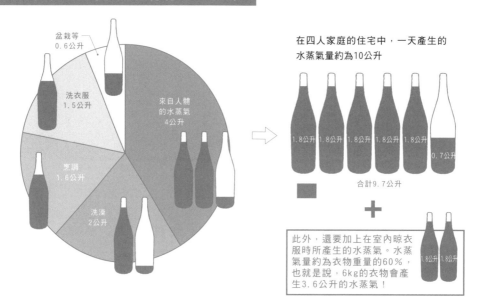

盆栽等 0.6公升

洗衣服 1.5公升

烹調 1.6公升

洗澡 2公升

來自人體的水蒸氣 4公升

在四人家庭的住宅中，一天產生的水蒸氣量約為10公升

1.8公升 1.8公升 1.8公升 1.8公升 1.8公升　0.7公升

合計9.7公升

+

此外，還要加上在室內晾衣服時所產生的水蒸氣。水蒸氣量約為衣物重量的60％，也就是說，6kg的衣物會產生3.6公升的水蒸氣！

1.8公升 1.8公升

通風與涼快的關係

風速	體感溫度
無風	30.7℃
1m/s	29.7℃
2m/s	29.3℃
3m/s	29.0℃
4m/s	28.8℃
5m/s	28.7℃
6m/s	28.6℃
7m/s	28.5℃
8m/s	28.4℃
9m/s	28.4℃
10m/s	28.3℃

電風扇強度為「弱」時，風速約為1m/S

電風扇強度為「強」時，風速約為3.5m/s

體感溫度會大幅下降

體感溫度的差距很小

身體只要一碰到電風扇的風，氣流就會使身體表面的水分蒸發速度變快，並使身體感到涼快。實際上，效果有多大呢？左表是依照日本溫暖地區常見的「室外氣溫33℃/相對濕度70％」這種狀態所計算出來的體感溫度。我們可以得知，雖然從無風狀態轉變為1m/s的微風狀態時，體感溫度會大幅變化，但從微風狀態轉變為強風狀態時，體感溫度不會大幅下降。

順便一提，電風扇的「弱風模式」的風速約為1m/s，「強風模式」的風速約為3.5m/s。

透過通風來忍受高溫，但濕度還是會造成發霉，使環境變得不衛生。在日本的夏天，如果想要獲得既舒適又健康的環境的話，不僅要降低溫度，也必須進行除濕。

過耗電量較少的空調來降低室內溫度。

雖然我們發現有些討厭空調的人會使用除濕機，但在現階段，由於使用空調來除濕是最有效率的方法，所以我建議大家透過空調的弱風模式來進行除濕。順便一提，空調的除濕模式指的是「能夠避免室溫下降的運作模式」。由於此模式的運作方式為「先暫時將室內的空氣冷卻，並進行除濕後，然後再把空氣加熱，排放出來」，因此使用空調的弱風模式會比較節能。幸運的是，只要住宅的骨架性能提昇後，就算使用空調，也不容易引發空氣對流，因此空調所產生的冷氣也會讓人覺得很優質。

■ 如果想要擁有既節能又舒適的冷氣的話…

　為了適當地減少夏季的冷氣負荷，我們首先要讓屋頂擁有適當的隔熱性能與通風性能，並確實地遮蔽來自窗戶的日照，然後再思考「能夠促進自然通風的房間布局與窗戶位置」。接著，重點在於，要透過「在室內使用調濕性能與蓄熱性能很出色的建材」，來盡量地延長「覺得既通風又舒適的期間」。此外，當高溫達到顛峰時，還要透

該怎麼做才能延長「不仰賴空調，只透過通風就能夠生活的期間」？

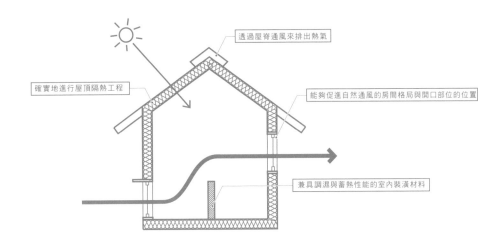

透過屋脊通風來排出熱氣

確實地進行屋頂隔熱工程

能夠促進自然通風的房間格局與開口部位的位置

兼具調濕與蓄熱性能的室內裝潢材料

適合高性能住宅的空調設備會搭載雙壓縮機

雙壓縮機（東芝）

我們建議「骨架隔熱性能有所提昇的高性能住宅」使用的是搭載了雙壓縮機的空調設備。使用一般的空調時，由於當室內溫度接近設定溫度時，壓縮機的轉動次數會下降，所以效率有下滑的傾向。在高性能住宅中，由於冷氣負荷原本就很小，所以空調如果全力運作的話，人們就會陷入無法工作的狀態。那樣的話，空調就會變成ON/OFF模式，斷斷續續地運作，但還是會額外地消耗電力。為了解決此問題，專家研發出了適合高性能住宅的雙壓縮機空調設備。由於除了主要的壓縮機以外，空調內還內建了一個容量非常小的壓縮機，所以當我們想要讓室溫維持在設定溫度時，只需要非常少的能源就能讓空調設備持續運作。

22 熱水供應

大家差不多該停止使用深夜電力來燒熱水了吧！

大家不改變「使用深夜電力來燒熱水」這個想法嗎？另外，只要日本住宅的隔熱性能提昇的話，熱水的需求量也可能會減少。

■ 熱水供應設備所消耗的能源很大

隨著住宅隔熱性能的提昇，熱水供應設備的消耗能源的比例會取代供暖設備，而且會開始逐漸變得明顯。由於日本人每天都有泡澡的習慣，所以我們會依照「一年中，四人家庭一天會使用300公升（以60°C來換算）的熱水」這個前提來計算熱水供應設備的消耗能源（歐洲人只會使用約一半的能源）。

目前，一般來說，日本的熱水供應設備的熱源可以分成瓦斯與電力這兩種。如果要追求節能的熱水供應方式的話，就要像下圖那樣，使用太陽能熱水器等設備，盡量透過可再生能源來提供熱水供應設備所需的能源。

以「EcoCute」這個名稱而為人所知的自

這就是理想！不會將電力使用到極限的節能熱水供應系統的觀點

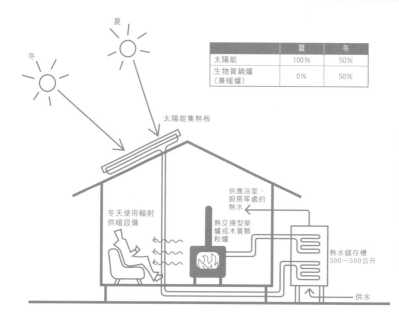

	夏	冬
太陽能	100%	50%
生物質鍋爐（兼暖爐）	0%	50%

在冬天，設置在客廳的木質顆粒爐能夠一邊讓室內變得溫暖，一邊進行熱交換，並貯藏用於熱水供應設備的熱水。使用供暖設備的季節結束後，日照的能源就會開始提昇，而且設置在適當角度的太陽能集熱板的效率也會提昇，因此在初秋前，我們能夠透過太陽能來提供熱水供應設備所需的大部分能源。必要時，我們可以搭配使用瓦斯熱水器等輔助熱源，藉此來完成究極的節能熱水供應系統。現在，日本有好幾家公司都有在販售「能夠進行燃燒能源與水的熱交換」的柴爐或木質顆粒爐。

希望大家能夠盡量透過可再生能源來提供熱水供應設備所需的能源

如同左圖所示，最理想的方法為，使用太陽能熱水器等設備，盡量透過可再生能源來提供熱水供應設備所需的能源。在冬季時，只要使用必要的輔助熱源來彌補即可。如果將其換算為初級能源的話，最有效率的是生物質鍋爐，其次為瓦斯鍋爐。如果想要把電熱水器當作輔助熱源的話，由於電熱水器主要會使用深夜電力來供應熱水，所以電熱水器會在前一天的晚上把水煮沸，而且無法只補充當天不足的份。這似乎不太能夠說是有效率的方法。

然冷媒熱幫浦熱水器正在普及中。此設備的情況又是如何呢？使用於此設備的熱幫浦技術具有「在寒冷地區，隨著夜晚的室外氣溫下降，運作效率也會跟著下滑」這項特性。雖然「EcoCute」採用的是「利用價格較低的深夜電力來將隔天要用的熱水煮沸，並儲藏在水槽中」這種方法，但比起深夜，在室外氣溫較高的白天時段來把水煮沸的話，會比較節能。說起來，如果沒有核電廠的話，電力公司就無法維持現在這種「能夠提供低價的深夜電力」的電費結構。

■ 住宅的溫熱環境與熱水需求量的關係

如同之前我們介紹過的那樣，日本住宅的熱水需求量比其他先進國家還要多。話說回來，我們光透過「日本人很喜歡泡澡」這一點就能說明這件事嗎？尤其是在冬天，比起為了清潔身體而泡澡，有更多人是為了「讓凍僵的身體變得溫暖」這個目的，而且就算使用供暖設備，房間還是不夠溫暖，如果不在浴缸中泡澡的話，就會冷得睡不著。根據這些現象，也有人指出，日本住宅性能的低劣程度應該與熱水需求量有很密切的關係。

透過加強隔熱性能來提昇冬季的室內舒適度的同時，我們可以說「能夠調低浴缸的設定溫度，或是只靠淋浴就能溫暖身體」的日子很有可能會增加。

深夜電力與太陽能不搭調

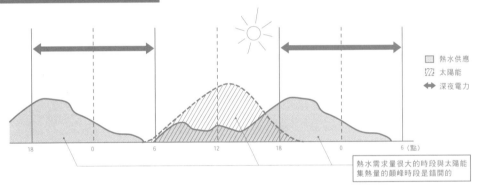

熱水供應
太陽能
深夜電力

熱水需求量很大的時段與太陽能集熱量的顛峰時段是錯開的

在每天都要在浴缸內放滿水的日本家庭內，透過當天的深夜電力，並無法瞬間提供足夠的熱水量。因此，人們會透過前一晚的深夜電力來將熱水煮沸，結果就會引發「太陽能熱水器的集熱板沒有充分地被利用」這個問題。

瓦斯汽電共生系統與高性能住宅不搭調

瓦斯汽電共生系統的特徵

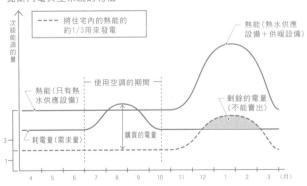

使用家庭用的瓦斯汽電共生系統時，如果住宅內的冬季暖氣負荷越高（性能差）的話，一整年的運作時間就會增加越多，相對地，電力自給率也會提昇，費用回收時間也會縮短。不過，相反地，如果是高性能住宅的話，熱能需求就會驟減，自家發電率會迅速減少。另外，根據現狀，由於瓦斯汽電共生系統所產生的電力不屬於電力公司的收購對象，所以大家必須注意這一點。

23 通風

不想打開窗戶，但又希望讓房間通風！

事實上，由於日本住宅的氣密性逐漸在提昇，所以光是透過打開窗戶來進行通風，就能夠得到充分的通風量。根據這一點，適當的通風計畫是必要的。

■ 重新複習一下通風的目的！

「在住宅內進行通風」的目的大致上可以分成以下三點。

1. 避免揮發性有害物質與CO_2的濃度上昇。
2. 防止室內充滿臭味。
3. 將多餘的濕氣排到室外。

關於揮發性有害物質，雖然我們可以透過通風來處理，但是要最優先處理的事項還是「剷除有害物質的來源」，而且在選擇建材時，也必須留意「確認接著劑的種類」等事項。不過，關於CO_2與臭味的問題，由於

透過人口密度來算出必要通風量吧！

例如：當四人家庭住在地板面積為120m²的住宅中時，如果天花板高度為2.5m的話，建築物的空氣容積就是300m³

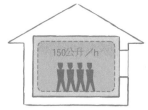

不過，以這種換氣量來說，在冬季，室內可能會變得過度乾燥，在夏季，除濕負荷則可能會提高。

① 建築基準法中所規定的通風量
由於「每小時，建築物的空氣會進行0.5次的換氣」，所以通風量為300m³×0.5＝150m³/h

凡例：■ 虛線中的部分，表示換氣量

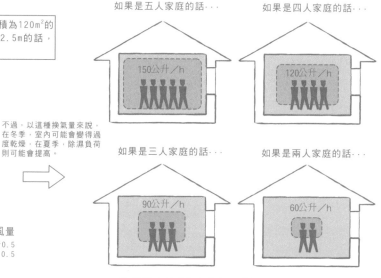

如果是五人家庭的話···　150公升/h

如果是四人家庭的話···　120公升/h

如果是三人家庭的話···　90公升/h

如果是兩人家庭的話···　60公升/h

② 試著來思考每人的必要通風量
與法條的解釋不同，在實際生活中，如果沒有VOC（揮發性有機化合物）與臭味等問題的話，我們就可以將通風次數視為「30m³/h／人」。
如此一來，「減少冬季的過度乾燥現象與夏季的除濕負荷」這個問題就值得我們去探討。

室內的CO_2濃度一旦變高，我們就會出現「注意力下降、想睡覺」等徵兆。為了消除這些現象，我建議大家要把室內的CO_2濃度控制在1000ppm以下，不過，由於室外空氣中的平均CO_2濃度正在逐年上昇中，所以我們的住宅所需的通風量也會逐漸增加。由於CO_2的來源是住戶，所以必要通風量原本就應考慮到人口密度，通風量的標準則是「30m³/h／人」。
另一方面，在日本，建築基準法所規定的24小時通風系統的通風量固定為「0.5次/h」，與人口密度無關。硬是要說的話，

此標準的目的在於，要讓人們注意到建材中所產生的揮發性有害物質，並防止病態住宅產生。採取「每小時要讓建築物的空氣容積進行0.5次的換氣（也就是一半）」這種規定時，除了「五人家庭的成員都經常待在家中」這種狀態以外，大多會出現稍微過度通風的情況，而且由於冬天的過度通風會導致過度乾燥，所以我們會向居民說明「如果是兩人家庭等情況的話，稍微降低通風量也無妨」這一點。

家中只要有人住的話，就必定會發生此類問題，所以我們還是必須進行排氣。

不管是日本還是外國都一樣，傳統的房屋原本就有很多縫隙，室外與室內的空氣會經常互相流動，而且沒有裝設機械通風設備等。不過，由於歐洲建築的溫熱性能有所提昇，而且日本住宅的耐震性能也有所提昇，所以無論我們是否願意，建築物的氣密性都會提昇，而且在使用冷暖設備的期間，光靠定期打開窗戶來通風，並無法獲得足夠的通風量。因此，計劃性通風會變得必要，而且依照法條規定，居民必須設置機械通風設備，這樣的話，即使居民正在睡覺，住宅內還是能夠進行必要的通風措施。

在住宅內使用機械通風設備時，一般來說，會把新鮮的室外空氣送進各個起居室，並從浴室、廁所、廚房、儲藏室把潮溼且有異味的汙穢空氣排到室外。因此，人們會在起居室的門的底部設置通風口（註：門的底部與地板之間的空隙），並會設法讓空氣自然地流到走廊等處。

「由於機械通風設備出現了，所以沒有窗戶的設計是被允許的」這種觀念是錯誤的。我希望大家能夠了解到，機械通風設備指的是「當住戶不想開窗戶時，可以用來進行通風」的附加設備。

減少通風所造成的熱損失，以達到節能目的

熱交換型通風系統的運作機制（交換效率為90%的情況）

熱交換型通風設備

室外空氣 0℃

要排出的空氣 8.5℃

供給「獲得熱能的空氣」18℃

排出「失去熱能的空氣」2℃

室外空氣 8.5℃

汙穢的廢氣 20℃

這是「熱交換型通風系統在室外溫度0℃、室溫20℃的情況下的運作機制」的示意圖。在熱交換型通風設備中，由於室外空氣與從室內排出的空氣會以相反的方向進行接觸，所以經常會發生「從室內排出的空氣的溫度被室外空氣奪走」這種現象。此系統可以分成「只會交換溫度的顯熱型」與「也會交換濕度的全熱型」。

何謂熱交換型通風系統

這種通風裝置是一種比較新潮的住宅設備。為了盡量減少空氣對流時所造成的熱損失，所以人們研發出了熱交換型通風裝置。在英文中，用的不是「exchange（交換）」，而是「recovery（回收）」這個詞，而且意思如同其名，也就是「氣體供給方會回收即將排出的空氣所留下的熱能」。近年來，歐洲也出現了熱交換效率達到90%的產品，透過這種熱交換作用，就可能會帶來超過「通風裝置的耗電量」的節能效果。在日本，現在一般採用的是「只透過排氣這邊的風扇來引導氣流」的第三類換氣，不過在進行熱交換作用時，會變成第一類換氣。我建議「隔熱性能已達到某種程度的住宅」可以採用這種設備。事實上，如果住宅沒有適當的隔熱性能的話，就無法得到較高的成本效益。要採用此設備時，重點在於，要先綜合性地評估「熱交換效率、消耗電力、通風裝置的可靠性及維修性」等項目，然後再挑選機種。另外，為了要讓通風裝置本體能夠正確地發揮性能，所以大家也必須謹慎地進行通風管的設計。

24 料理

請各位廚師用瓦斯爐做菜吧!

對居民來說,「選擇電力還是瓦斯來當作每天的烹飪用熱源」會是一項很重要的決定。

■ 電磁爐並沒有比較節能

從全世界的觀點來看,日本人也是一個非常重視飲食的民族。在蓋房子時,日本人會非常講究廚房,「選擇瓦斯還是電力來當作烹飪熱源」這項選擇總會成為一項大問題。

那麼,到底要選擇何者才好呢?從結論上來說,沒有廚師會用電磁爐來做菜。喜歡做菜的人都會想要使用瓦斯爐。另外,雖然有些喜歡做菜的人會誤以為「全面電氣化會比較節能」,並無可奈何地打算採用電磁爐,但這是非常令人遺憾的例子。只要計算電磁爐的初級能源量,就會發現,雖然依照鍋子

在烹飪熱源方面,電力與瓦斯何者比較節能?

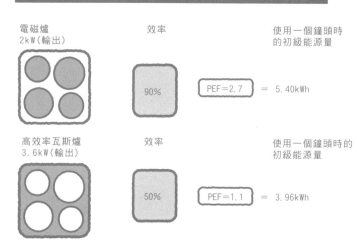

電磁爐
2kW(輸出)

效率

90%

PEF=2.7 = 5.40kWh

使用一個鐘頭時的初級能源量

高效率瓦斯爐
3.6kW(輸出)

效率

50%

PEF=1.1 = 3.96kWh

使用一個鐘頭時的初級能源量

使用輸出功率2kW的電磁爐時,如果有90%的能源會傳給鍋子的話,實際的輸出功率為1.8kW。另一方面,使用輸出功率3.6kW的瓦斯爐時,如果有50%的能源會傳給鍋子的話,實際的輸出功率為1.8kW。因此,兩種烹調設備的烹調時間會相同。當兩者各使用一小時後,電磁爐的初級能源量為5.4kW,瓦斯爐則為3.96kW。因此,瓦斯爐會比較節能(假設電力的PEF值為2.7、瓦斯的PEF值為1.1的情況)。

據說,由於電磁爐的效率(電磁爐對於鍋子的能源傳達率)會受到鍋子形狀很大的影響,所以整體上來說,瓦斯爐會比較節能。

各種廚房節能技巧

燒開水
[瓦斯爐與電熱壺]

土司麵包
(微波烤箱與烤麵包機)

煮飯
(瓦斯煮飯鍋與電子鍋)

使用瓦斯爐時,如果用大火的話,消耗的能源會比電熱壺還要多。使用瓦斯爐時,火力要轉到中火以下,使用電熱壺時,則不要使用保溫功能。每次都把水煮沸會比持續保溫還得節能。

微波烤箱的能源消耗量約為烤麵包機的三倍。如果每天都要烤麵包的話,我建議大家買烤麵包機。如果不想特意買烤麵包機的話,我建議大家使用電烤箱或瓦斯燒烤爐。

由於瓦斯煮飯鍋會使用大火來煮飯,所以消耗的能源似乎略高(相對地,能夠把飯煮得很好吃)。使用電子鍋時,我建議大家善用計時器,並盡量不要使用保溫功能。既然不使用保溫功能的話,就要把剩下的飯用保鮮膜包起來,放進冷凍庫(由於這樣做能夠維持鮮度,所以我很建議這樣做)。解凍時,使用蒸鍋來加熱會比使用微波爐還得節能。

的形狀，爐子把能源傳給鍋子的方法多少會有些差異，不過，以「一般電磁爐的效率」與「電力的PEF值為2.7（平均火力）」來看，我們可以說，如同下圖那樣，瓦斯爐比電磁爐來得節能。基於同樣的理由，在燒烤爐與烤箱方面，我們也可以說瓦斯比電力來得節能。

電磁爐的優點應該不是節能，而是「即使讓老人使用，也很安全」、「容易清理」、「能夠有效利用空間」這幾點才對吧！？如果是為了這些目的而選擇電磁爐的話，我覺得沒問題。要說為何的話，那是因為，由於烹飪設備所消耗的能源只佔不到家庭總消耗能源的10％，所以問題並不怎麼大（參閱P100）。另外，使用電磁爐時，透過合併使用室內循環型的抽油煙機，就能夠防止「通風所造成的冬季熱損失」。

而且，明明好不容易才讓熱源變得節能，如果經常使用微波爐的話，至今的努力就會全部化為烏有。想要實踐「盡量讓烹調設備變得節能」這一點的人，首先請試著摸索「不依賴微波爐的生活方式」吧！以一整年的能源消耗量來說，短暫地使用微波爐並不會消耗多大的能源，不過由於微波爐的耗電量屬於1000W級，所以人們也無法下定決心降低安培數（參閱P82）。

選擇規格符合高氣密性住宅的設備吧！

既然是高氣密性住宅的話…

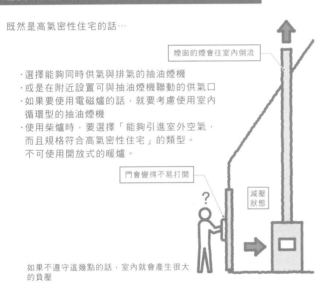

煙囪的煙會往室內倒流

・選擇能夠同時供氣與排氣的抽油煙機
・或是在附近設置可與抽油煙機聯動的供氣口
・如果要使用電磁爐的話，就要考慮使用室內循環型的抽油煙機
・使用柴爐時，要選擇「能夠引進室外空氣，而且規格符合高氣密性住宅」的類型。不可使用開放式的暖爐。

門會變得不易打開

?

減壓狀態

如果不遵守這幾點的話，室內就會產生很大的負壓

如果烹飪的頻率增加的話，抽油煙機的耗電量也必然會增加。由於在大火模式中，抽油煙機的排氣量為300m/h，所以抽油煙機擁有「在一小時內，就會把一整間一般住宅的空氣全部排出」的威力。尤其是高氣密性住宅，會因為這種抽油煙機的強力排氣作用，而產生「室內陷入減壓狀態」這個問題，所以我們必須使用「能夠同時供氣與排氣的抽油煙機」來當作對策。

Point of Design 透過生物質爐來烹飪！

生物質爐肯定是終極的節能烹飪設備。在丹麥的HWAM（瓦姆）公司所生產的「Monet H」中，由於高性能柴爐的上部配備了烤箱，所以不僅能夠使用茶壺來燒開水，還能夠享用正式的烤箱料理。雖然只限於冬季，但還是請大家試著使用這種可以同時當作供暖設備的烹飪器具。

「柴爐Monet H」
(A-plus http://www.hwam.jp/stove_monet_h.html)

首先要早睡早起＋利用自然光

試著依照節能的順序來列舉出「能夠確保相同亮度的照明能源」，結果就會是「自然光→LED→燈泡型螢光燈→白熾燈」。

■ 採用「白天不需要開燈」的設計

很遺憾地，由於不使用電力的話，就無法使用照明設備，所以在照明設備的節能化方面，「在不降低光線品質的情況下，能夠降低多少耗電量」會成為一項課題。「在白天時，即使不開燈也能確保必要的亮度」的設計是必要的，而且這也可以說是一種被動式設計。考慮到這一點後，為了減少太陽下山後的照明設備的耗電量，所以我們首先必須要將白熾燈更換成螢光燈。如此一來，照明設備的耗電量就會驟減。

在辦公室等處，由於在白天的耗電量當

不同的情況需要不同的適當照度

摘錄自「住宅的照明基準總則」（JIS Z9110：2010）

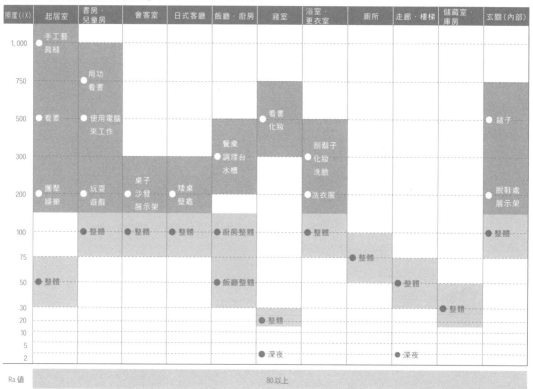

照度(lx)	起居室	書房·兒童房	會客室	日式客廳	飯廳·廚房	寢室	浴室·更衣室	廁所	走廊·樓梯	儲藏室·庫房	玄關(內部)
1,000	●手工藝 裁縫										
750		●用功 看書									
500	●看書	●使用電腦來工作				●看書 化妝					●鏡子
300					●餐桌 調理台 水槽		●刮鬍子 化妝 洗臉				
200	●團聚娛樂	●玩耍 遊戲	●桌子 沙發 展示架	●矮桌 壁龕			●洗衣服				●脫鞋處 展示架
100		●整體	●整體	●整體	●廚房整體	●整體					●整體
75								●整體			
50	●整體				●飯廳整體				●整體		
30										●整體	
20					●整體						
10											
5											
2						●深夜		●深夜			
Ra值					80以上						

在思考住宅的設計時，只要參考上述的JIS照明基準即可。透過溫熱環境計算工具「建築物燃料消耗率導引指南」（參閱P94）來計算照明設備的耗電量時，也要參考此基準。即使在同一棟住宅內，根據房間的用途不同，適當的照度也會不同。另外，由於客廳內會出現各種情況，所以照明設備的節能秘訣在於，要搭配使用各種「能夠依照不同情況來確保適當照度」的照明設備。我們不需要讓整個房間都具備能夠用來看書的照度。

中，照明能源所佔的部分會很大，所以大家應該考慮採用更加節能的LED燈。不過，如果住宅的隔熱性能在次世代節能標準以下的話，照明設備的耗電量所佔的比例還算很小，即使採用螢光燈，應該也能夠充分地降低耗電量。

在設計「在白天不需使用照明設備，只需透過自然光就能供應室內光源」這種住宅時，困難之處在於，「在進行採光的同時，要如何遮蔽來自外部的視線與熱能」。尤其是夏季，「透過百葉窗或屋簷等來遮蔽直射的陽光後，再間接地讓光線進入室內」這種設計會很有效（參閱P47）。

■ **在夜晚，要採取盡量降低照度的生活方式**

接著，要說明日落後的照明節能對策。我的建議是，採取盡量降低照度的生活方式。我們應該事先另外準備看書燈，日落後，與家人或朋友團聚時，只要光線不會太亮的話，大家的心情就能夠平靜下來。

同樣地，在走廊等處，只需透過感應燈來照亮腳邊，這樣的話，夜晚上廁所時，眼睛就不會受到過亮的光線所帶來的刺激。如果選擇的是LED燈的話，由於LED燈可以使用調光開關，所以我們只要善用LED燈，就能創造出適合起居室內的各種情況的照明模式。

燈泡型螢光燈與LED燈泡的節能性能比較

每1流明的耗電量（把螢光燈當作100％的情況）

燈泡種類	W（瓦特）	lumen（流明）	mW／lumen	節能性能
一般燈泡型螢光燈	12	780	15.78	100％
LED燈泡　A公司	6.6	420	15.71	99.5％
LED燈泡　B公司	7.5	560	13.79	87.4％
LED燈泡　C公司	9.4	850	11.06	70％

雖然LED燈泡的耗電量看起來很低，不過，許多人應該都有過「更換成LED燈泡後，覺得房間變得比以前暗」這種經驗吧？（當然，調整亮度後，只要不會感受到壓力的話，就代表燈泡具有充分的節能效果）。重點在於，亮度固定時的耗電量。「流明」是亮度的單位，上表所比較的就是每1流明的耗電量。結果，雖然不同廠商的產品擁有不同的品質，但比起燈泡型螢光燈，LED燈泡最多可以減少30%的耗電量。

Point of Design 緊急照明設備的理想狀態

為了預防萬一，雖然有不少家庭會把LED手電筒放進緊急隨身包內，但是日落後，一旦發生停電等狀況，家中就會變得一片漆黑，無法找到必要的物品。因此，最近我會建議大家裝設那種「在發生停電或地震等情況時，會自動發亮的常備燈」。常備燈可以分成「在蓋新房子時，嵌入插座盒中的平坦型」，以及「插在插座上的外接型」。無論如何，我都認為常備燈有投資的價值，所以雖然設計性也令人在意，但我還是建議大家盡量使用「照度高，而且照明時間長的類型」。

「Pioma 常備燈」生方製造廠　http://www.pioma.jp/UGL1

26 能源的型態

大家想要的是電力？還是熱能？

在介紹各種可再生能源之前，我必須先把關於能源型態的事進行整理。

■ 依照使用目的來找出適合的可再生能源

　　如同開頭P11的「環保思維導圖」中所提到的那樣，風力發電與太陽能發電都能將自然能源直接轉換成電力。我們能夠從單質中取出生物質能等燃燒能源，並利用這些能源來轉動渦輪，進行發電。這種用來回收「在透過火力來發電的過程中所產生的廢熱」的機制叫做汽電共生。在必須使用冷暖設備的時期，由於地熱比室外空氣更能有效地維持溫度（接近想要的室溫），所以我們可以直接

能源的品質差異

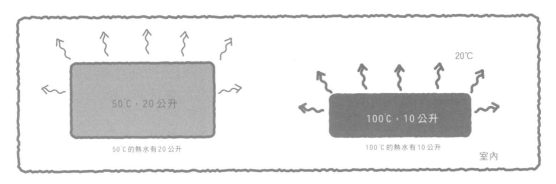

即使能源的總量相同，左側能源的凝聚度比較低，相較之下，右側能源的凝聚度則比較高。凝聚度高就代表，這種能源不但「擴散能力很強，製造時需要很大的能源」，而且也很難保管。舉例來說，電力就是那種凝聚力很高的能源，即高品質能源的代表。另一方面，在家中浴室使用的40℃熱水則可以說是低品質能源的代表。

不同地區的家庭的能源消耗量

住宅的能源消耗量的現狀（關於8個都市區的獨棟住宅的比較）

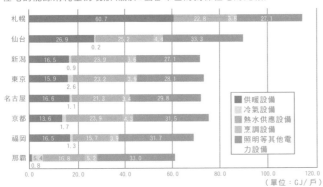

出處：「自立循環型住宅的設計方針」（一般財團法人建築環境・節能機構）

只要看過統計資料，就會發現，在住宅的能源消耗量當中，在北海道地區，有3分之2以上的消耗量是熱能，在其他地區，熱能也佔了將近一半。我們已經得知，即使今後住宅變得更加節能後，冷暖設備的能源需求會大幅減少，但我們還是不能忽視「最後剩下的熱水供應設備所需能源所佔的比例」。
更驚人的是，除了沖繩以外的地區，供暖設備的能源消耗量都比冷氣設備來得大。這種現象的原因在於，即使在溫暖地區，冬季的對策還是能夠對住宅的節能產生很大的貢獻。

利用熱能。如同空調那樣，對於使用熱幫浦技術的機器設備而言，只要能夠將地熱當作熱源的話，就能提昇機器的效率。

■ 利用太陽能時，設置角度是關鍵

太陽能是最主要的可再生能源，我希望住在日照很強烈的地區的居民務必要利用太陽能。不過，在這之前，理解「太陽熱能的運用與太陽能發電的差異」，並進行選擇，也是一件很重要的事。由於在白天透過太陽能熱水器製造出來的熱水是所謂的熱能，而且只要儲藏在熱水儲存槽中，從傍晚開始就可以使用，所以即使日照時段與使用時段有一段間隔，也不會產生問題。不過，如果要直接儲存電力的話，就需要相當高額的設備投資費用。如同大家所知道的那樣，採用太陽能發電時，可以透過賣電來將電力放在電力公司的供電網上，並傳送給其他用電戶，不過由於電力並無法直接保留，所以當用戶想要使用電力時，還是必須購買電力。

在住宅內（尤其是性能不佳的住宅），由於熱能的使用比例非常高，所以大家應該設法盡量從可再生能源中簡單地取出熱能，並避免購買不必要的電力。

利用太陽能時，設置角度是關鍵

屋頂表面與陽光利用效率的關係

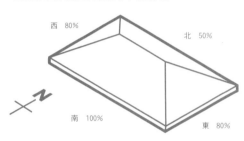

設置方向與陽光利用效率

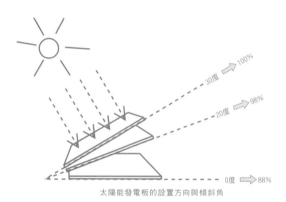

太陽能發電板的設置方向與傾斜角

出處：「自立循環型住宅的設計方針」（一般財團法人建築環境・節能機構）

利用太陽能時，要讓太陽能板朝向南方，才能得到最高效率。設置角度會取決於設置地點的緯度，依照估計，角度在30度左右時，一整年可以輸出最多電力。太陽能發電的特性為「氣溫只要一上昇，效率就會下降」，太陽能熱水器則剛好相反。

要如何克服電力尖峰負載呢？

右圖是東日本311大地震前的資料，資料顯示了住宅一天所需的電力。看了資料，我們就能知道，如果核電廠停止運作的話，深夜電力就不會剩下。如果想要追求節能的話，請試著再次思考「我們真的應該用電力把水煮沸嗎」這個問題吧！

一天內，各種供電來源的供電量

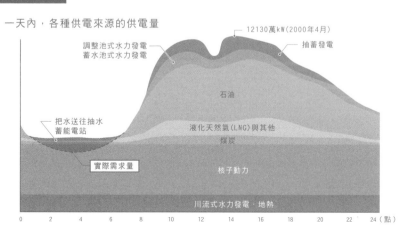

27 太陽能熱水器

有60°C就夠了。一開始就透過熱能來收集熱能吧！

如同P58中的敘述，如果不把太陽能用來提供「熱水供應設備所需的能源」的話，就會吃虧！我會介紹太陽能熱水器的活用方法。

■ 機器的種類大致上可以分成兩種

太陽能熱水器的構造非常簡單。太陽能熱水器是由「裝設在屋頂上的太陽能集熱器」與「熱水儲存槽」所構成的。兩者一體成形的是「自然循環式」，兩者分離的

是「強制循環式」。自然循環式的運作機制為，水會在集熱器內的導管中進行循環，並透過集熱器的熱能而變熱，而且比重變輕的熱水會被儲存在上部的儲存槽。

強制循環式的集熱器與熱水儲存槽是分開的，集熱器會被設置在屋頂上，熱水儲存槽則會被設置在地面，並透過幫浦來讓水進行循環。由於強制循環式的熱水儲存槽不在屋頂上，外表很簡潔，看起來有如太陽能發

機器的種類選擇可以分成自然循環式與強制循環式

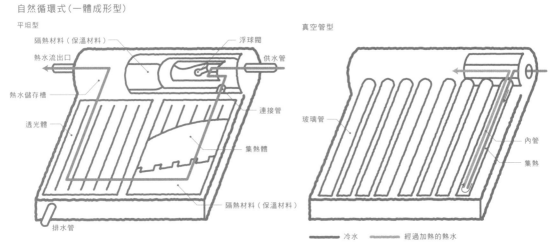

自然循環式（一體成形型）

平坦型
- 隔熱材料（保溫材料）
- 熱水流出口
- 熱水儲存槽
- 透光體
- 浮球閥
- 供水管
- 連接管
- 集熱體
- 隔熱材料（保溫材料）
- 排水管

真空管型
- 玻璃管
- 內管
- 集熱

──── 冷水　　═══ 經過加熱的熱水

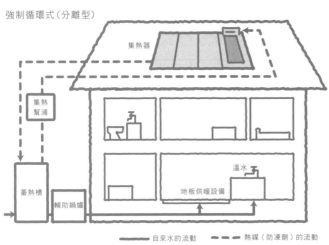

強制循環式（分離型）
- 集熱器
- 集熱幫浦
- 蓄熱槽
- 輔助鍋爐
- 溫水
- 地板供暖設備

──── 自來水的流動　　- - - 熱媒（防凍劑）的流動

自然循環式（一體成形型）
- ·低成本
- ·不需使用電力
- ·由於熱水儲存槽與集熱器是一體成形的，所以屋頂會承受負荷。
- ·熱水儲存槽的容量不能太大
- ·外觀顯眼

強制循環式（分離型）
- ·成本較高
- ·幫浦需要使用電力
- ·由於熱水儲存槽不設置在屋頂，所以能夠把屋頂的負荷控制在最低限度。
- ·熱水儲存槽的容量可以選擇（可以使用大容量的儲存槽）。
- ·能夠與地板供暖系統進行結合。

電設備。「在構造上，熱水儲存槽不設置在屋頂，對屋頂的負擔較小」這一點也是其特徵。雖然價格比自然循環式來得高，但熱水也能用於供暖設備，應用範圍很廣。

集熱板也分成數種。如果重視成本與設計的話，我建議大家選擇平坦型。如果地點是室外氣溫很低的寒冷地區的話，我會建議大家選擇下圖這種熱損失較少的真空管型。

■ 以30度朝南設置

如同前文所述，太陽能熱水器的集熱板要設置在日照良好的南側，理想的設置角度則是30度。如同下文所記載的「在東京將集熱板設置在屋頂南側的情況」的模擬結果，我們可以得知，當設置角度為30度左右時，在東京一整年所取得的預估集熱量會達到最大，而且在那種情況下，夏季與冬季的集熱量的平衡也很良好。

上述這些是原則，大家只要依照使用目的來選擇適當的集熱板設置方法即可。如果想要整年都供應穩定的熱水的話，就要把集熱板設置在南方，並採取約30度的設置角度。雖然集熱板面積也會取決於家庭結構，不過只要有4～6m²就夠了。另一方面，想要透過太陽能來供應供暖設備所需的能源時，就必須提昇冬季的集熱效率，因此在選擇設置角度時，要留意較低的冬季太陽高度，而且也要設法增加集熱板的面積。大家在思考設置方式時，只要選擇適合各住宅建地條件的設置方式即可。

太陽能熱水器的設置角度與效率

在東京的住宅屋頂南側設置平坦型集熱板時，我們可以透過名為「建築物燃料消耗率導引指南（P94）」的建築物溫熱環境計算工具來算出每個月的集熱量，並比較模擬結果。我們可以得知，設置角度為水平時，夏季的預估集熱量會達到最大，相反地，設置角度為60度時，冬季的集熱量會稍微超過夏季。另外，當設置角度為30度左右時，在東京一整年所取得的預估集熱量會達到最大。在高緯度地區，如果想要把太陽能用於供暖設備的話，則可以仿效歐洲的實例，採取「將太陽能熱水器的集熱板垂直設置在陽台的欄杆上」這種方法。

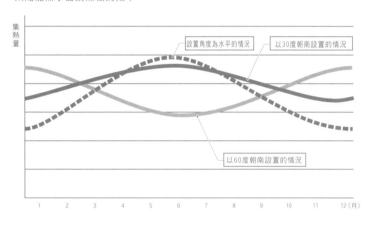

太陽能熱水器集熱板的效率

集熱量

設置角度為水平的情況　以30度朝南設置的情況

以60度朝南設置的情況

1　2　3　4　5　6　7　8　9　10　11　12（月）

我建議大家在寒冷地區使用真空管型的集熱板

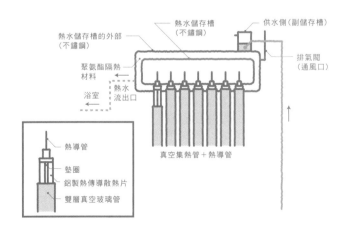

熱水儲存槽的外部（不鏽鋼）

熱水儲存槽（不鏽鋼）

供水側（副儲存槽）

聚氨酯隔熱材料

排氣閥（通風口）

浴室

熱水流出口

真空集熱管＋熱導管

熱導管
墊圈
鋁製熱傳導散熱片
雙層真空玻璃管

真空管型使用的是玻璃製的雙層真空管。由於是透明玻璃，所以陽光會穿透。不過，由於不會受到室外氣溫的影響，所以我們能夠期待此設備活躍於寒冷地區。另外，由於真空管為圓筒狀，所以真空管能夠一直朝著由東向西移動的太陽，並長時間地垂直接收陽光。目前，真空管型可以分成「讓水流經真空管內，直接進行加熱」的類型，以及「透過銅等材質製成的熱導管，把熱能傳到熱水儲存槽」的類型。由於熱水儲存槽與導管材質的隔熱性能也非常重要，所以大家應該要先詳細調查產品的規格，然後再進行選擇。

28 太陽能發電

如果有多餘電力的話，就可以供應給都市

太陽能發電是一種「直接將太陽能轉換成電力」的系統。家庭能夠將「超過家庭耗電量的電力」賣出，將能源供應給都市。

■ 如果有多餘電力的話，比起蓄電，賣電會是更好的選擇

在許多可再生能源中，目前最普及的應該是太陽能發電吧！太陽能發電板是一種能夠將太陽的能源轉換成電力的設備，其發電效率據說約為15％。假設我們把系統容量3.5kW的發電板裝設在日照良好的朝南屋頂的話，一整年的預估發電量約為4000kWh，大約可以供應一棟住宅一整年的耗電量。

不過，由於在一整年中，陽光所製造的發電量很零散，而且發電時間只限於白天，所以「家庭內的實際電力需求」與「太陽能發電板的發電量」會出現不一致的情況。此時，電力公司會向家庭收購沒有使用完

有效的太陽能發電活用方法

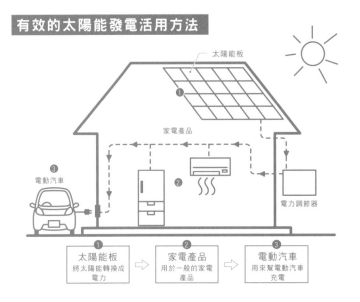

當電力公司的供電網因為災害等情況而無法發揮作用時，自家還是可以透過太陽能發電或風力發電來進行自家發電，因此能夠使用收音機或照明設備等電器。不過，由於發電量並不穩定，

所以如果要使用耗電量較高的家電時，必須採取「暫時蓄電一段時間」等方法。因此，利用電動汽車電池的V2H(Vehicle to Home)等系統很受到人們的關注。採用此系統時，大家要先確認自己的生活方式是否符合「在太陽能板進行發電的白天時段，車子會位在自宅內」這一點。

當太陽能發電設備設置在日照良好的南側時，其轉換效率約為15％。依照設置角度不同，效率最多會下降五成。只要電線桿等物體的影子遮住太陽能板的一部分，系統整體的發電量就會下降，因此，住在都市地區的人必須注意這一點。

家庭內的電力需求與發電量的差距

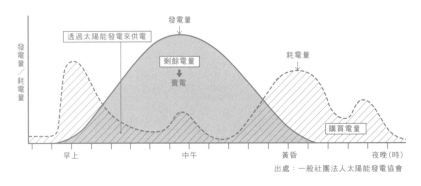

出處：一般社團法人太陽能發電協會

左圖是全電化住宅的冬季電力需求量與賣電量的分布。太陽能發電的最大問題在於，發電時段與電力需求時段會出現差距。如果生活方式與基礎建設有關連的話，「不要勉強地儲存電力，而是要將電力賣出」這一點是很重要的。在10kW以上的非住宅用途電力方面，電力公司也會開始採取「總量固定價格收購制度」。

的剩餘電力。賣電時的電力單價為42日圓/kWh（2012年9月的資料），另一方面，由於購買電力時的單價為8～22日圓/kWh，因此耗電量較少的家庭能夠透過賣電來獲得利潤。雖然太陽能發電板的初期成本逐年在下降，而且賣電單價也持續跟著下降，不過，由於設置在條件良好的屋頂上的太陽能發電設備經過10～15年後，就能夠回收初期成本，而且之後還能繼續發電數十年，因此太陽能發電設備應該可以說是「絕對不會吃虧的金融商品」吧！另一方面，如果住戶採用蓄電池，把原本應該賣出的電力儲存起來，以供自家使用的話，那就另當別論。在都市內，有很多需要大量電力的建築物，像是辦公大樓等。將太陽能發電設備所製造的電力賣出，也能對「降低電力尖峰負載」有所貢獻。

■ 挑選太陽能板時的注意事項

藉由日照，太陽能板的溫度會上昇，並達到60～80℃，而且太陽能板的特性為「室外氣溫一旦上昇，太陽能板的輸出功率就會下降」。結果，儘管7、8月的日照量很多，但發電效率也可能會變得比春季或秋季來得差。

太陽能電池的種類

太陽能電池的種類		特徵‧挑選時的重點
矽類	單晶矽太陽能電池	每單位面積的發電量很大
	多晶矽太陽能電池	如果不會受到屋頂面積所限制的話，就能得到很高的成本效益
	非晶矽太陽能電池	在矽類中，高溫時的輸出功率很高
化合物類	CIS/CIGS太陽能電池	比較不怕影子、原料容易取得

由於晶矽類的電池排列方式為串聯，所以即使只有一個電池因為受到電線桿影子影響而沒有發電，整個太陽能板的發電量還是會大幅下降。另一方面，CIS等化合物類的太陽能電池的特徵為「輸出功率會依照被影子遮住的面積的比例而減少」，其缺點則是「當太陽能板的尺寸很大時，單位面積的發電效率很差」。都市地區的住戶在採用太陽能發電時，要先注意這些事項，然後再選擇廠商。

太陽能發電是直流電系統

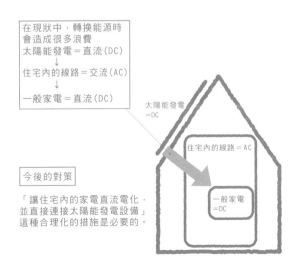

在現狀中，轉換能源時會造成很多浪費
太陽能發電＝直流(DC)
↓
住宅內的線路＝交流(AC)
↓
一般家電＝直流(DC)

太陽能發電＝DC

住宅內的線路＝AC

今後的對策

「讓住宅內的家電直流電化，並直接連接太陽能發電設備」這種合理化的措施是必要的。

一般家電＝DC

由於太陽能發電與蓄電池皆為直流電(DC)系統，所以原本就可以直接連接筆記型電腦或手機充電器等設備。根據現狀，由於來自太陽能發電的直流電力會先暫時被轉換成家庭用的交流電(AC)，然後再透過筆記型電腦的變壓器，再次被轉換成直流電，所以會產生無謂的轉換。在今後的市場上，只要直流電家電持續增加的話，透過合併使用蓄電池，這種無謂的轉換就會驟減，而且太陽能發電也可能會開始在家庭內被有效利用。另外，請大家先了解「如果是相同產品的話，DC的耗電量會比AC來得少」這一點。

29 生物質

不會破壞地球的CO_2平衡的能源

生物質指的是「動植物所產生的有機性資源」，而且這種資源能夠用來表示「生物資源(bio)的量(mass)」，並被人們當成一種可再生能源。這種資源會與石油或煤炭等化石燃料形成對比，而且也被稱為「生物燃料」。

■ 具有穩定供應量的可再生能源

　　生物質能可以分成若干種。舉例來說，

「把餐飲業的廢油當成生物柴油來利用」、「讓廚餘發酵，並取出甲烷」等方法都是生物質能之一。這裡所介紹的生物質能並不是「從我們的食物或廢棄物中取出的能源」，而是「管理森林的過程中所產生的副產品」，相當於「木質生物質的活用」。

　　「透過燃燒生物質燃料而產生的CO_2」會出現在「樹木生長，回到土壤中」這種期間

木質生物質的循環

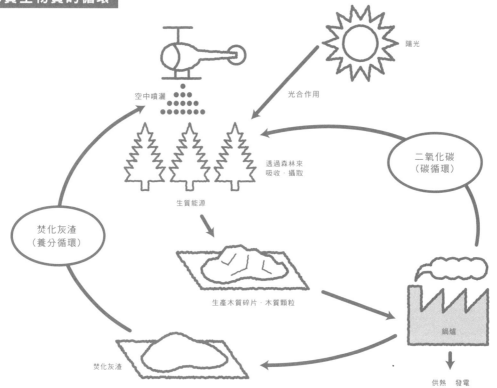

出處：根據《防止地球暖化與生質能源》(城子克夫著)製作而成

德國約有一千萬公頃的森林，透過那些森林，人們一年可以生產8千萬m³的木材。由於此數字與森林一整年的成長量大致相同，所以森林的累積量不會改變，人們可以持續利用那些森林。另一方面，在生產林(註：藉由生態循環，可持續生產木材的森林)面積與德國相同的日本，木材生產量為1.6千萬m³，不到德國的五分之一。據說，今後日本的木質生物質產業有很大的潛力。
(出處為村上敦的著作《日本版「給綠色新政的建議」》)

比較短的循環中，而且幾乎不會促進地球暖化。因此，在鄰近森林資源的地區，只要有效利用生物質燃料來取得熱能的話，就會與「節能」產生關聯。另外，由於生物質能是可以儲備的，所以在可再生能源當中，生物質能可以說是唯一一種供應量穩定的能源。

■ 如果能夠把生物質用來當作發電燃料的話，就會更加節能！

只要聚集某種數量的住戶，也許就能實現「使用生物質的區域供熱系統或汽電共生系統」。

汽電共生是一種「能夠有效利用『燃燒式發電設備一般會產生的廢熱（其數量居然為發電量的2倍以上！）』，將其當成熱水供應設備或供暖設備的能源」的系統。在一般的火力發電燃料方面，如果我們能夠用生物質燃料來取代瓦斯或石油，並有效地利用發電時所產生的廢熱的話，就能使其成為太陽能發電與風力發電的強力後盾。當然，我們沒有必要特意使用「用於建材的高品質木材」。只要使用「木材流通過程中所產生的殘餘木材或間伐材（註：為了讓樹木有足夠的生長空間，所以人們會把多餘的樹木砍掉）」就夠了。

木質生物質的主要種類

木柴

- 用斧頭把「已切成適當長度的圓木」劈開，讓木柴乾燥一段時間，降低含水量。
- 如果不夠乾燥的話，燃燒效率就容易下降。
- 盡量不要投入多餘的能源，而是要讓木柴維持原本的模樣，並化為燃料。
- 也能透過間伐材等來自行取得。
- 對於能夠享受劈柴樂趣的人來說，是很推薦的選擇。
- 在調整火力方面，需要一點經驗。
- 雖然難以自動化，不過很適合喜歡火焰的家庭。

木質碎片

- 同時具備木質顆粒與木柴的優點。
- 雖然為了對應自動化鍋爐，必須讓燃料規格化，不過製造時所花費的工夫沒有木質顆粒那麼麻煩。
- 依照含水率，可以分成「未乾燥木質碎片」與「乾燥木質碎片」。
- 大多會用於設置在森林地區附近的鍋爐。

木質顆粒

- 將木屑凝固成如同狗食那樣的規格尺寸，並透過乾燥機來降低含水量。
- 雖然進行乾燥時，會消耗能源，不過由於重量會減輕，所以運送到遙遠地區時所消耗的能源也會比較少。
- 含水量低，燃燒效率高。
- 透過調整電力，就能夠調整詳細的輸出功率。
- 原則上，會購買標準化的商品，所以供應網一旦斷絕的話，就會沒有燃料可用。

Point of Design 蓄熱式柴爐

　　如果你是喜歡劈柴的人的話，當你在建造具有某種程度的隔熱性能的住宅時，我建議你使用「蓄熱式柴爐」。瑞士與德國有很多設計新潮的高性能蓄熱式柴爐。其中，瑞士的TONWERK LAUSEN AG公司（右圖）和德國的Olsberg公司的蓄熱式柴爐都擁有引以為傲的高燃燒效率與美麗火焰。如果換算成初級能源的話，無論哪一種高性能空調都比不過柴爐。據說，柴爐在燃燒時所產生的輻射熱的波長很接近太陽的日照，那種宛如在做日光浴般的舒適度正是其魅力。

TONWERK LAUSEN AG公司的柴爐（藍天 http://www.woodstove.voo.jp/）

30 | 地熱的利用

透過地熱幫浦協助空調設備

在可再生能源當中，地熱是最不起眼的能源。不過，在易用性與穩定的供應量方面，地熱是最推薦的能源。

■ 室外氣溫與地下溫度的全年變化

地熱的最大特徵在於「在冬季，溫度會比室外氣溫高，在夏天，溫度則會比室外氣溫低」。不過，只要一接近地表，地熱的溫度就會持續接近室外溫度。舉例來說，住宅

的地基深度充其量也只有50cm到1m。在夏季，為了取出地熱，所以蓋了沒有隔熱性能的地基，到了冬天，熱能就會不斷地流失。我建議大家先研究全年的優點與缺點，再決定地基與土壤的關係。另一方面，不管在冬季還是夏季，「將地熱與通風裝置搭配在一起」也是一種有效運用地熱的方法。

令人感到諷刺的是，通風裝置的宿命為「會毫不留情地把室外溫度送往室內」，不過，我們只要把地熱傳向此處的話，溫度就

室外氣溫與地下溫度的全年變化

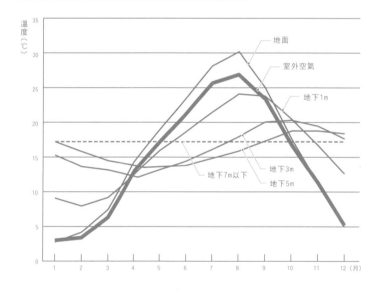

左圖顯示了「東京的室外氣溫與地下溫度的全年變化(1944～1948年的平均)」。在地表以下約7m的地方，會有地熱或地下水，而且該處的溫度總是與「該地區的全年平均氣溫」相同。

順便一提，東京的全年平均氣溫約為16°C。也就是說，每戶人家的地下7m處的溫度都是如此。另一方面，透過實際測量，我們可以得知，從深度不到1m的地方所測量到的溫度非常接近室外氣溫。

思考16°C地熱的用途

雖然在冬季，取出的16°C地熱比室外氣溫來得高，但還是比舒適的室溫20°C來得低。因此，即使能夠提昇室外溫度，但如果直接將地熱送進室內的話，室內溫度就會下降。另一方面，在夏天，取出的16°C地熱不僅比室外氣溫來得低，也比25～27°C的舒適室溫低上許多，因此，即使直接把地熱送進室內，還是能夠期待冷氣效果。因此，「讓這種地熱與通風裝置所吸取的室外空氣接觸」這種想法是一種很簡單的用途。如同歐洲那樣的寒冷地區所採用「冷卻管」就是這樣來的。

	夏季	冬季
比室溫	低	低
比室外空氣	低	高

此部分就是地熱的用途

會變得「比較好一些」，並能夠提供給室內。冷卻管等就是其中一例。不過，即使有比較好一些，但是以供暖或冷氣設備來說，這種不會完全消失的地熱能源只能算是一種半吊子的能源。為了讓地熱能源發揮最大作用，所以人們在使用地熱時，會搭配使用熱幫浦技術。

■ 透過地熱幫浦製造超節能冷氣設備

在用於空調設備等的熱幫浦技術中，如果「用來當作熱源的空氣溫度」越接近「想要取出的溫度」的話，效率就會越高。不過，實際上，由於想要使用冷氣時，室外溫度會很高，想要使用供暖設備時，室外溫度會很低，因此人們才會著重「與地熱搭配使用」這一點。

雖然熱幫浦技術會產生廢熱，不過使用地熱幫浦時，由於廢熱會回到地下，所以我們在使用冷暖設備時，廢熱完全不會排放到空氣中。

不管是空氣熱能還是地熱，由於高效率的熱幫浦能夠產生耗電量3倍以上的熱能，所以在國際上，熱幫浦與陽光、風力、地熱並列為可再生能源。不過，正因如此，人們會追求「本國的發電廠的發電效率」與「能夠抵消供電損耗的效率」。在歐盟，「各國的發電效率的倒數乘以1.15後所得到的數值」會成為符合可再生能源條件的熱幫浦最低效率。接著，試著將日本的熱幫浦產品套入這項標準後，就會發現，寒冷地區在使用透過空氣熱能製造熱水的「自然冷媒熱幫浦式電熱水器」時，效率會下降，因此，很遺憾地，我們無法將其稱為可再生能源。

熱幫浦的基本構造

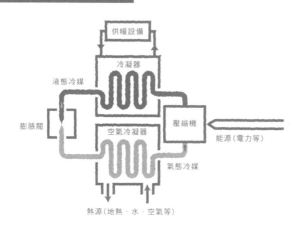

使用熱幫浦技術的代表性家電為小型空調。這種技術能夠使用電力來讓「絕對溫度0˚C以上的空氣」進行膨脹、壓縮，藉此來增幅存在於空氣中的分子能源，並取出溫水或冷水等熱能。冷暖設備專用的熱幫浦能夠取出的溫度的範圍為5～50˚C，而且有的熱幫浦的效率會超過500％。會大幅影響熱幫浦效率的因素是「用來當作熱幫浦熱源的室外氣溫」。如果想要盡量提昇效率的話，使用地熱來取代室外氣溫才是合理的方法。

地熱幫浦

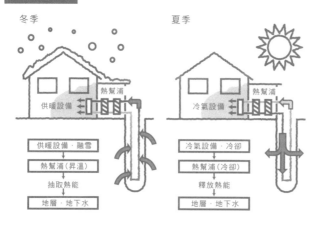

何謂地熱幫浦？由於地熱幫浦會從地下把熱能抽上來，所以有非常多人會將其誤認為「熱幫浦」。不過，熱幫浦指的終究是「能夠讓地熱或室外空氣等能源進行壓縮、膨脹的幫浦」，而不是「能夠抽取熱能的幫浦」。因此，量販店內的小型空調明顯也是熱幫浦。使用地熱幫浦時，可以直接使用，也可以藉由熱幫浦來使用。不管是哪種方式，我都鼓勵大家透過全年使用地熱幫浦，來讓地下的溫度全年保持均衡。

31 風力發電

無論晝夜都能持續運作的可靠設備

風力發電指的是「利用風力的發電方式」，無論晝夜，只要有風的話，就隨時都能發電。最近，也有人在販售小型風力發電設備，在私人住宅內，人們變得能夠運用風力發電。

■ 使用家庭用的風力發電設備時，搭配太陽能發電會比較好

　由於風力發電設備能夠將風的能源的約40％轉換成電力，所以風力發電的效率據說比太陽能發電來得高。在計算方法方面，發電量是風速的3次方，也就是說，當風速變成2倍時，發電量就會變成8倍。另外，由於旋轉翼（螺旋槳）的迎風面積越大，發電量就會越高，所以百萬瓦等級的大型風力發電設備會擁有最高的效率。不過，由於那種大型風力發電設備無法蓋在都市地區，所以一定會被規劃在海上或郊外。

風速與發電量的關係

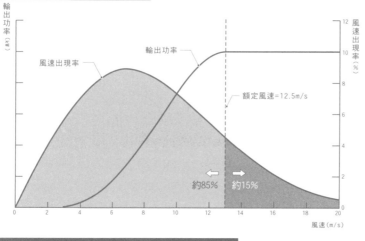

左圖顯示了風的分布與發電設備的輸出功率。如果「能夠發揮風力發電設備最大輸出功率的額定風速」為12.5m/s的話，我們就能得知，有85％的風無法達到額定輸出功率，能夠發揮額定輸出功率的風僅有15％。

進化中的住宅用小型風力發電設備

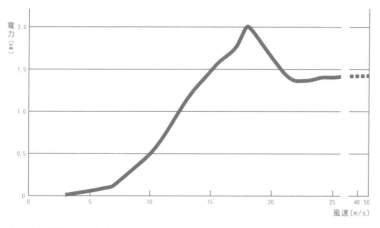

上圖為小型風力發電機「Air Dolphin GTO」（Zephyr股份有限公司）與其功率曲線圖（左）。住宅用的風力發電機已經有所進步，變得體積小、重量輕，而且變得能夠設置在各種場所。藉由搭配太陽能電池一起使用，就能提供更加穩定的發電量。

另一方面，家庭用的小型風力發電機逐漸在進步，「結合了螺旋槳式的風力發電與太陽能發電，而且發電量很穩定」的發電設備已變得很普遍。由於依照機種不同，「符合風速的發電量」與「開始發電的風速（切入風速）」會有所差異，所以我建議大家在設置風力發電機時，要事先充分調查「設置場所的風速與風向的變化情況」，然後再挑選合適的機種。由於廠商會提供機種的功率曲線圖（power curve），所以請大家先掌握這一點後，再挑選機種。

雖然那種「風速只要超過10m/s，發電效率就會上昇」的機種目前已經很普遍了，但實際吹起的風幾乎都不到10m/s。我們要如何降低「能夠發揮額定輸出功率的風速」呢？換句話說，我們可以說，今後人們必須研發出「即使風速較低，也能有效率地進行發電的風力發電設備」。透過目前所研發出的風力發電設備，只要風速達到3m/s（臉上會感覺有風、樹葉會擺動、風向雞會開始轉動）的話，就能進行發電。

只要有風的話，不管是日落後，還是冬季，風力發電設備都能24小時持續發電。雖然風力發電設備很可靠，但如果想要設置在都市地區的話，就必須達成各種條件。希望日本能夠早日變得像歐洲那樣，可以和「只採用風力發電的電力公司」簽訂契約。

設置時的注意事項

由於當風通過建築物上方時，風會有加速的傾向，
所以只要把風力發電設備設置在屋頂，就能有效提昇發電效率。

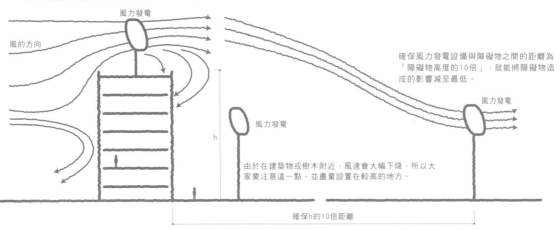

風力發電

風的方向

確保風力發電設備與障礙物之間的距離為「障礙物高度的10倍」，就能將障礙物造成的影響減至最低。

風力發電

h

風力發電

由於在建築物或樹木附近，風速會大幅下降，所以大家要注意這一點，並盡量設置在較高的地方。

確保h的10倍距離

雖然設置在地面時，沒有問題，但設置在屋頂時，條件為「要具備足夠的強度」。另外，由於震動會傳到屋內，所以重點在於，要先和廠商商量，並做好萬全的準備後，再設置風力發電機。

Point of Design **國產的風力發電機比較好？**

右圖是外國製的風力發電機。在外國製的風力發電機當中，有很多「設計性優秀，非常有魅力」的產品，不過，關於風力發電機，如果是進口產品的話，維修服務就會不夠周到，而且會出現「在還沒達到原本目的的情況下，風力發電機就變成了紀念碑」的傾向。因此，唯獨在挑選風力發電機時，我認為性能似乎比設計性來得重要。

32 堆肥

廚餘是出色的肥料

我們只要看了環保思維導圖（P11）後，就能得知，我們不僅要留意「被運送到建築物內的能源」，也必須留意「從建築物中被排出的能源」。

■ 讓廚餘變成堆肥，使其回到土壤中

雖然無論我們的生活如何，雨水都會降下，不過能源卻會因為我們的生活而從建築物中被排出，而且這類能源主要為垃圾與汙水。家庭垃圾可以分成許多種，據說有約三分之一是廚餘。廚餘這個命名（日文為「生ゴミ」，意指廚房所產生的潮溼垃圾）本身就很奇怪，由於廚餘明顯可以當作肥料，所以大家要盡量在住家的建地內讓廚餘變成堆肥，並進行有效的利用。另外，「簡單地讓堆肥回到土壤中」這種作法能夠省下「搬運

好氧發酵與厭氧發酵

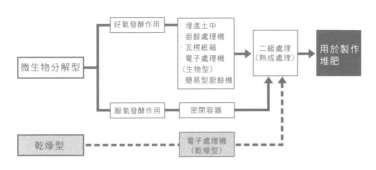

微生物分解型可以分成「喜歡有氧狀態的好氧發酵」與「喜歡無氧狀態的厭氧發酵」。好氧發酵的分解速度快，而且廚餘的量會明顯減少。厭氧發酵的分解速度慢，在乳酸菌的作用下，廚餘會形成醃漬品般的狀態。雖然兩者各有不同的特性，不過無論是何者，當廚餘和土壤混合，並進行好氧發酵作用後，廚餘才會變成熟成的堆肥。不過，由於柑橘類的大果核、獸骨、貝類、腐敗的食物等不會被分解，所以大家要避免將這類物品放進廚餘處理機。

在溫哥華，廚餘會用於汽電共生系統

溫哥華市會從掩埋垃圾中回收氣體，並進行有效利用

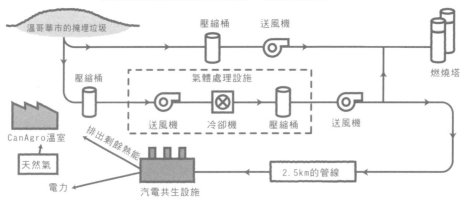

加拿大的溫哥華市從2003年開始透過「收集市內汙水處理廠所產生的屎尿汙泥與掩埋垃圾，並使其發酵」這個方法來回收甲烷。藉由甲烷發電與廢熱利用，溫哥華市一年可以回收50GJ的能源。此數字相當於該市的4000戶的能源需求量。看到「屎尿與廚餘擁有如此大的能源潛力」以及「已經有都市開始進行回收工作」後，人們才恍然大悟。

與處理垃圾時所需的能源」。由於我們可以向行政機關申請廚餘堆肥化容器、廚餘處理機的補助金，所以大家可以試著運用看看。由於機會難得，所以我希望大家選擇不使用電力的類型，享受更加節能的堆肥製作方法。雖然製作堆肥的方法有許多種，但大致上可以分成「微生物分解型」、「乾燥型」這兩類。微生物分解型是一種「借用微生物的力量來分解廚餘中的有機成分」的方法，乾燥型則是一種「對有8～9成都是水分的廚餘進行加熱，使其乾燥、減量」的方法。

■ 廁所汙水也是出色的肥料

與廚餘相同，從家庭的廁所中被排出的尿液其實也是出色的肥料。雖然在下水道很完善的區域，也許沒有必要勉強自己那樣做，不過在必須設置化糞池的地區，我建議大家設置「使用厭氧性微生物的環保化糞池」（光靠1戶難以實行時，我希望大家務必要考慮在集合住宅等處採用此設備）。

環保化糞池的構造

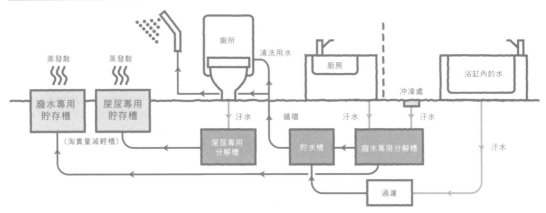

由於是厭氧性，所以不必使用需要電力的送風機來將空氣送入。因此，此設備可以說是環保的淨水槽（日本生物技術股份有限公司製造的產品等）。經過淨化的汙水會從花壇中蒸發，接著我們可以取出水肥，將其用於家庭菜園，我們也可以在廚房安裝食物碎渣機，讓廚餘也一起變成肥料。

尋找簡便的家庭用堆肥吧！

土中式
透過土中的微生物的作用，讓廚餘變成堆肥。雖然需要花費時間，但方法非常簡單。運作成本是零。我建議院子內有空間的人採用此方法。

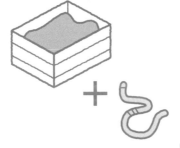

蚯蚓式
這是一種透過蚯蚓來分解廚餘的方法。分解速度比土中式快。我建議能夠管理數百隻蚯蚓的人採用此方法。

EM式（EM指的是Effective Microorganisms，即有益微生物）
讓厭氧性的微生物分解廚餘後，再混入土中。分解速度比土中式快。必須時常購買EM菌，而且使用的容器最小。

33 雨水的利用

借用可利用的雨水，讓用不到的雨水迅速回到土壤中！

日本的全年平均降雨量為1500mm～2000mm，是世界平均降雨量的2倍以上。我們當然要有效地利用雨水。

■ 透過雨水來供應大部分的生活用水

假設住宅的屋頂表面積為60m²的話，依照計算，屋頂上一年會降下多達90～120公噸的雨水。據說，每人每日的平均用水量為1天240公升，所以我們能夠得知，屋頂上所累積的雨水居然相當於「可以供應4人家庭使用100天以上的水量」。因此，我們只要盡量把「透過屋頂而收集到的雨水」用於家庭內，並減少使用自來水的話，就能達到節能目的。而且，我們也要留意「盡快地讓用不到的水滲透到土壤中」這一點。

我們讓很多飲用水流進廁所內！

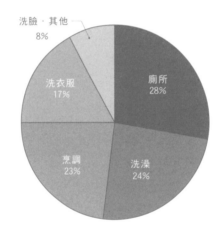

- 洗臉·其他 8%
- 洗衣服 17%
- 廁所 28%
- 烹調 23%
- 洗澡 24%

儘管如此，我們每天是如何使用「每人每日的平均用水量240公升」的呢？說到水的話，我們會容易聯想到飲用水，不過，從整體的使用量來看，飲用水只佔了其中一小部分。在明細中，廁所的比例最高，是整體的28%。其次，依序為洗澡24％、烹調23%、洗衣服17%，這些項目佔了一天使用量的9成以上。也就是說，雨水所能供應的範圍很大。另外，我們也能夠理解「蓋房子時，必須採用省水馬桶」這項說法。

首先是灑水，接著則是廁所

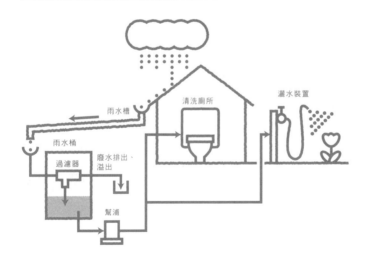

雨水利用指的是「把落在屋頂等處的雨水聚集到貯存槽中，以作為非飲用水利用」，例如將水用於院子灑水；將水用於清洗廁所等。災害發生時，當我們因為水管破裂等原因而無法取得自來水時，這些雨水也能作為珍貴的生活用水。雖然只要用幫浦等設備就能把雨水當作清洗廁所的水，不過在那種情況下，我們必須取得自來水局的許可。「設置灑水用的雨水桶」則是任何人能輕易採用的方法。雨水桶包含了「被重複利用的不鏽鋼容器」、「形狀較細長的類型」等種類，在設計上，這種用具即使出現在庭院內，也不會令人非常在意，而且可以把這類器具放在容易使用的地點，很方便。

■ 讓不使用的雨水滲透到地下

　　傾瀉到地面的雨水原本會滲透到地下，形成地下水，分散到各地，並被儲存起來。藉此而產生的泉水會被人們當成生活用水來利用，或是形成河川的水源，發揮各種作用。不過，在現代，這種機制逐漸在瓦解。在我們所生活的汽車社會中，地面幾乎都會被鋪上混凝土或柏油。因此，雨水即使降下，也會變得很難滲透到土壤中。沒有成功進行滲透的雨水會聚集在下水道，或是造成河川氾濫，在降雨量較少時，也會變得容易引發洪水災害。因此，重點在於，各個家庭首先都要制定「雨水滲透對策」。當然，最簡單的雨水滲透型景觀就是「增加土壤與砂礫等的面積」。為了分散汽車透過處的負荷，我們可以採取「鋪滿雨水滲透型鋪路磚」這個方法。無論如何都必須澆灌混凝土時，則要特別設置雨水滲透設備。

雨水滲透設備

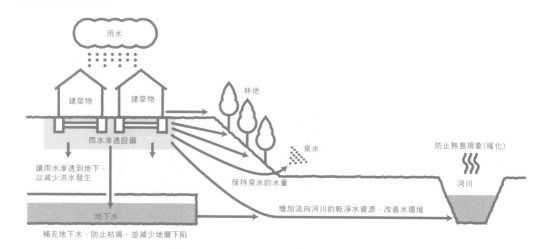

即使地面鋪上了混凝土或柏油，雨水滲透設備還是能夠有效率地讓雨水滲透到土壤中。此設備能夠暫時把傾瀉到地面的雨水儲存在量器中，然後慢慢地讓雨水滲透到地下。藉此，就能防止所有雨水一下子流入下水道或河川。

Point of Design　**綠化混凝土**

如果因為預算問題，無論如何都必須澆灌混凝土的話，我建議大家在該處採用「綠化混凝土系統Grasscrete」（大和屋）。這種系統能夠承受消防車的重量，減少約4成的混凝土量，而且還能讓雨水進行滲透。此系統也能建造在某種程度的傾斜面上。建造流程為，先鋪滿模板，再鋪上焊接鋼絲網，接著倒入混凝土後，燒出模板的表面形狀，然後在形成的洞穴部分中鋪滿土壤與砂礫。只要在土壤的部分種下種子，就能完成車輛也能通行的綠化混凝土。

34 降低用電契約中的安培數

如果真的想要節電的話，就要降低契約安培數

降低契約安培數指的是「降低各家庭的用電契約中的安培數上限」，這是一種劃時代的節能行動。降低契約安培數的家庭越多，就能半強制地降低整個地區的電力尖峰負載。

■ 只要契約安培數很高的話，就無法省電

大家與電力公司簽訂契約時，一定會設定安培數上限，電力公司會保證「用戶可以

使用該安培數以下的電力」，與此同時，用戶的用電量只要一瞬間超過安培數上限的話，位於家庭內的斷路器就會遮斷電流。電力公司為了避免停電情況發生，所以必須維持「能夠提供『契約安培數×簽約人數』的電量的狀態」。我們就算說「在家庭內，就算我們再怎麼踏實地反覆進行『減少待機電力、調整空調的設定溫度』這些節能措施，只要我們不降低契約安培數的話，能源政策

我家的安培數是多少？

檢查此處！

設置在各個家庭的室內的配電盤上會有一個黑色的斷路器，上頭會標示40A之類的數字。這就是契約者與電力公司之間的協議，意思是指「一天24小時一年365天，用電量都不能超過40A」。雖然40A×24h×365×100(V)＝35MWh，但會那樣用電的人是不存在的，而且即使上限為40A，但我們只要試著算出平均用電量後，就會發現大部分人的實際用電量僅達到上限的10分之1。

在日本，每戶每年的平均用電量
約為 3,500kWh

請去確認生活中必要的安培數吧！

「降低契約安培數計畫」http://www.sloth.gr.jp/a-down/check/

一般家電的安培數

家電產品	安培數
電磁爐	14A
微波爐	12A
電子鍋	13A
吹風機	12A
空調設備	7A
吸塵器	10A
洗衣機	4A
冰箱	1.5A
筆記型電腦	1A

由於各種家電上所標示的消耗電量為瓦特數，所以我們只要將瓦特數除以日本的家用電力100V，就能算出安培數。我們只要持續將這些數字加起來，就能算出最低必要限度的安培數

的根本就不會改變」，也不為過。如果真的想要省電的話，首先要做的就是降低契約安培數。

■ 在關掉高效率空調設備前，要先把電視關掉？

降低契約安培數指的是「降低各家庭的用電契約中的安培數上限」，這是一種劃時代的節能行動。降低契約安培數的家庭越多，就越能減低整個地區的電力尖峰負載。那麼，說到「要降低多少」的話，則要視家庭型態而定。由於日本目前正處於節電風潮，所以依照常識的話，要在50A以下，如果態度很積極的話，應該可以把目標訂在30A以下吧！

舉例來說，在30A生活中，如果一邊使用冷氣，一邊用電磁爐做菜的話，用電量就會達到21A，所以此時只要一使用吸塵器的話，就會跳電。不過，這樣會很不方便對吧！總之，只要遵守「由於這個與這個的安培數很大，所以不要同時使用」這項規定的話，就能夠避免跳電的情況發生。而且，這也是最簡單的省電方法。只要降低契約安培數，就能降低家庭內用電量的尖峰負載，而且每個月的基本電費也會下降。

在關掉高效率空調設備前，要先把電視關掉？

電視耗電量的標準

	電漿	液晶	映像管
50吋寬螢幕	400W	—	—
37吋寬螢幕	300W	200W	240W
37吋寬螢幕	240W	150W	210W

觀賞大尺寸電視時，如果同時開好幾台液晶電視的話，耗電量就可能會比空調設備還要高。

因此，有人會說，在夏季的用電尖峰時期，與其關掉冷氣，倒不如把電視關掉會比較好。

如果想要輕鬆地過著低安培生活的話…

1	多留意一下，沒有必要時，不要使用微波爐。
2	盡量不要用電磁爐來做菜。
3	確認老舊家電的耗電量，並視情況買新的來替換。
4	在夏季的白天，不要同時使用電視以及空調。
5	在夏季的白天，不要做「一邊開冷氣，一邊使用電熨斗」這種沒效率的事
6	留意自家的生活方式，不要同時使用2個以上「超過10A(1000W)」的家電。

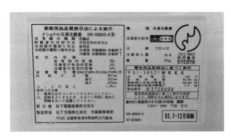

冰箱的門內側會貼有一張清楚記載耗電量的貼紙。
使用老舊冰箱時，請檢查此部分。

空調設備

吹風機

電子鍋

微波爐

吸塵器

不要同時使用耗電量超過10A的家電

35 被動式節能屋

世界的口號是「Can you passive-house it？」

被動式節能屋是一種為了幫助世界上的設計師想出「客製化的節能設計」而被研發出來的規劃工具。

■ 被動式節能屋是設計工具與認證系統

　被動式節能屋是德國物理學家費斯特（Wolfgang Feist）博士在1979年所建立的節能標準。費斯特博士創立了被動式節能屋研究所，並在該處研發出被動式節能屋的設計工具，建立了獨自的認證制度。被動式節能屋的目的在於，透過「提昇建築物的骨架（外皮）性能」來讓供暖設備的數量減至最少，並一邊維持經濟效率，一邊建造出可居住性很高的節能住宅。目前，在歐洲以外的地區，人們也會依照各地的氣候風土來設計被動式節能屋。

　重要的是，被動式節能屋並不像特許權那樣，會透過某種特定的施工法來確保節能性能，被動式節能屋終究是一種設計工具。被動式節能屋是一種任何人都能研究的開放性概念。無論方法為何，只要完成的建築物符合標準性能的話，就能取得被動式節能屋的

被動式節能屋的研究並非只注重高隔熱性能與高氣密性

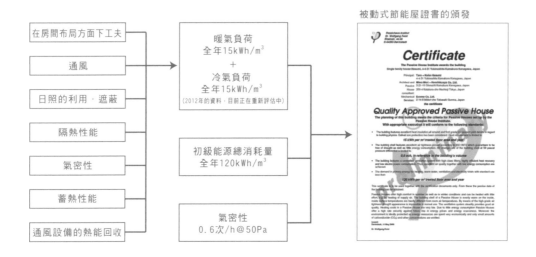

在房間布局方面下工夫

通風

日照的利用・遮蔽

隔熱性能

氣密性

蓄熱性能

通風設備的熱能回收

暖氣負荷
全年15kWh/m³
＋
冷氣負荷
全年15kWh/m³
（2012年的資料，目前正在重新評估中）

初級能源總消耗量
全年120kWh/m³

氣密性
0.6次/h@50Pa

被動式節能屋證書的頒發

被動式節能屋的認證標準的定位

　被動式節能屋的認證標準包含了「全年的空調負荷、氣密性，以及住宅整體的初級能源消耗量」這三個項目，只要滿足這些條件的話，就能取得被動式節能屋的證書。興建地點的室外氣溫也會對住宅產生影響，而且在這三個項目中，最難達成的條件是「全年的空調負荷」。由於此標準所評價的項目終究不是「能

夠透過設備效率或太陽能發電等來抵銷的性能」，而是「骨架性能」，所以此標準所測量的是所謂的「被動式設計的性能」。即使是現在，被動式節能屋標準還是超越了德國的節能義務標準，而且被人們視為最具指標性的標準。據說，在實際的動工住宅中，有約10%的住宅具備相當於此被動式節能屋標準的節能

性能。EU的目標為，讓2020年以後的新建住宅遵守「近零耗能（建築物的燃料消耗率非常趨近於零的狀態）」這項規定。在「設備的高效率化與可再生能源的採用」這個目標的初期階段，也有不少國家會討論「首先要把被動式節能屋的空調負荷當作目標，並立法規定，讓建築物的骨架性能提昇」這一點。

認證。

■ 透過一台6坪用的空調設備，就能提供冷暖氣

如果住宅大小約為一般大小的話，那被動式節能屋的骨架性能就相當於「透過一台6坪用的空調設備，就能在建築物內提供冷暖氣」的狀態。由於地點越是寒冷的話，所需要的隔熱性能就越高，所以在歐洲，為了讓被動式節能屋變得普及，所以人們必須將成本漲幅控制在最低限度。近年來，由於窗戶、通風設備、隔熱工法等節能建材的單價下降了，而且各國都提昇了義務標準，所以即使在寒冷地區的德語圈，被動式節能屋的建設成本的漲幅也在5%以下。因此，採用了「有利於控制濕度的供暖設備」與「能夠盡量靠近『近零耗能』這個目標的生物質與太陽能」的被動式節能屋近年來變得很受矚目。20年前，人們徹底地研究節能方法、經濟效率、健康效益，並藉此讓被動式節能屋開始普及。如今，隨著國際化的發展，被動式節能屋的理想狀態也變得多樣化，而且帶有各種涵義。

■ 為了讓被動式節能屋在日本普及

我們就算說，「近年來的被動式節能屋的國際化」等於「被動式節能屋建設地點的南移」也不為過。在日本東京以西的溫暖地區，人們在設計被動式節能屋時，會考慮到夏季與冬季的平衡。由於被動式節能屋的骨架性能是日本次世代節能標準的2～3倍，所以根據現狀，建設成本會提昇15～20％。在日本各地，人們正在試圖減少建設成本的浪費。

會進化的被動式節能屋的過去與現在

上圖是德國第一棟被動式節能屋，屋齡已有20年以上。現在此屋是被動式節能屋研究所的所長費斯特博士的自宅。當時，許多被動式節能屋都很重視經濟效率，會經常使用隔熱樹脂窗框或擠壓成形聚苯乙烯發泡板等，並會透過初期成本最低的電力來提供「供暖設備與熱水設備的熱源」。近年來，人們也很關注「有考慮到建材的碳足跡的環保隔熱材料」、「搭載可再生能源設備」，而且隔熱性能比過去的壁式工法還要高的木造被動式節能屋也在增加中。

照片提供：Passivhaus Institut, Darmstadt

左圖是本書中也有介紹的被動式節能屋，名稱為「莫歇爾(Morscher)公館」，設計師是奧地利的建築師赫曼・考夫曼(Hermann Kaufmann)。熱源採用的是「小型裝置加上柴爐」，可以看出考夫曼有考慮到初級能源消耗量。現今，被動式節能屋的木質化是無法停止的趨勢。

照片提供：Morscher Bau-& Projektmanagement GmbH

36 智慧型住宅

人們很期待智慧型電表今後的進化

智慧型住宅主要指的是，配備了稱之為「HEMS（住宅內能源管理系統）」的智慧型電表的住宅。

■ 思考「智慧型」的涵義吧！

　智慧型電表的作用在於：能夠一邊預測都市整體的能源需求量一邊控制住宅內的電力，盡量在合理的時段使用電力，而且能夠對「降低都市用電的尖峰負載」產生貢獻，

避免電力公司的發電量無謂地增加。將這種智慧型電表的控制系統稱為「智慧型住宅的關鍵技術」也不為過。

　智慧型住宅中大多都會設置蓄電池，而且其目的在於「將太陽能發電設備在白天製造的電力儲存起來，以用於晚上」與「用來當作電動汽車的動力」。這種蓄電池的重要性會取決於「在太陽能發電設備沒有進行發電的時段，也就是日落後，住宅內會需要多少

可再生能源與智慧型電網

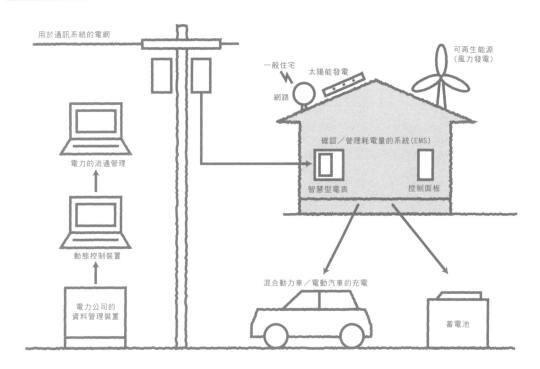

用於通訊系統的電網
電力的流通管理
動態控制裝置
電力公司的資料管理裝置

一般住宅
太陽能發電
網路
可再生能源（風力發電）
確認／管理耗電量的系統(EMS)
智慧型電表　　控制面板
混合動力車／電動汽車的充電
蓄電池

據說，整合了電網與情報通訊網的次世代電網「智慧型電網」不僅能夠穩定地供應電力，還能夠不用像過去那樣，只依賴大型發電廠，而且對於可再生能源的普及也很有貢獻。舉例來說，人們會變得容易採用「在家中或辦公室內採用自家發電設備，自己提供自己所需的能源，不夠的部分就仰賴電網」這種搭配方式。由於智慧型電網會將電力供應變得合理化，最

佳化，並會積極地採用可再生能源，所以智慧型電網也是一種「能夠減少過去的發電廠所產生的CO_2」的方法。使用風力或太陽能發電這類自然能源時，發電量會隨時變化，不穩定的情況是無法避免的。因此，我們只要透過智慧型電網來連接「許多藉由自然能源來發電的發電系統」，並隨機應變的話，就能減少不穩定的情況發生。

能源」這一點。在此，我們必須考慮各種事情。由於從蓄電池中取出的能源型態當然是「電力」，所以我們也必須相應地採取「電子化」的設備。不過，如果我們忽視骨架的被動式設計的話，冷氣負荷就會增加，夏季白天的太陽能發電量就不會有剩餘，如此一來，蓄電池就會失去存在理由。另外，

「住宅是否具備真的能夠透過『來自於冬季日照的蓄電量』來供應『供暖設備在夜晚所需的能源』的骨架性能呢」這一點也很重要。

人們在冬天原本就必須向電力公司購買用於熱水供應設備與供暖設備的大量電力，而且在大部分的家庭中，住宅設備都已經電子化了。在這種情況下，要是我們只能選擇電力來當作能源的話（大家應該不會在智慧型住宅內設置煤油暖氣機吧！），冬季的發電廠負擔可能會變得比過去還要大。

智慧型住宅會對都市的省電產生貢獻嗎？還是反而會形成冬季的發電廠負擔呢？在這種岔路上，骨架的節能性能會掌握關鍵。購買電動汽車來取代蓄電池時，大家必須針對「在太陽能的發電時段，車子是否位在自宅內？車子是否能夠蓄電？」這一點進行慎重的檢驗。最後，請大家正確地釐清「在電動汽車的全年消耗能源中，自宅的太陽能發電設備能夠提供幾成的電力呢？」，並作出決斷。

會進化的智慧型電表（EU篇）

KNX協會的智慧型電表是符合EU規格的開放式系統

供暖設備

冷氣設備

百葉窗

通風設備

照明設備

影音設備

安全／防火設備

設備運作情況的可視化

智慧型電表的功能主要為「顯示與控制能源消耗量」與「通訊功能（包含自動讀表）」。如果只是要向住戶顯示能源消耗量的話，瓦斯熱水器的操作面板上已經有附上類似的功能，而且在每個月的電費帳單中，電力公司也有特別列出前一年的耗電量，住戶可以進行比較。既然是「智慧型」的話，在能源控制方面，人們應該會寄予更大的期待吧！。因此，我要向大家介紹「在國外發展的智慧型電表的規格化」。目前，以歐洲為中心，世界各地的專家逐漸制定了智慧型電表的開放性國際規格。藉此，即使是一般住戶，也會變得能夠一邊自由地選擇家電或機器設備的廠商，一邊採用智慧型電表。當然，不僅是電力，「瓦斯與自來水的消耗量的可視化」與「自動讀表」也同樣會透過智慧型電表來進行統整。為了達成此目標，所以專家統一了通訊系統。總部位於布魯塞爾的KNX協會所研發的KNX智慧型電表（http://www.knx.org）符合EU的規格，而且能夠顯示與控制的項目如同上述。既然包含那麼多功能的話，那就應該很符合「智慧型」這個名稱對吧！

碳中和（carbon neutral）

讓使用中的住宅的CO$_2$排放量變成零

碳（carbon）指的是二氧化碳；中和（neutral）指的是正負為零。碳中和的意思就是「雖然住宅內有人居住，但卻不會排放二氧化碳」。

■ 碳中和會成為世界標準

在現代生活中，我們使用能源的方式有如在使用熱水。如果沒有化石燃料與核能的話，我們是否能夠生活呢？目前，大部分的日本人應該都在面對這個疑問吧！

不過，在住宅領域中，透過現在的通用技術，想要達成此目標是很有可能的。當然，

我們必須花費更多成本。只要能源成本沒有改變的話，我們也許就無法回收事先投資的費用。只要去思考世界的能源情況，就能了解到「成本上昇是必然的」。當印度與中國的產業有所發展，並開始積極地出口能源時，無論石油的蘊藏量有多少，能源的價格都會確實地持續上漲。

考慮到那種情況後，「住在盡量不使用化石燃料，而且也不會排放二氧化碳的住宅」會成為理想的對策。人們預測，到了2020年左右，歐洲就會制定相關法規，建商會變得

用來協助住宅實現碳中和的概念圖

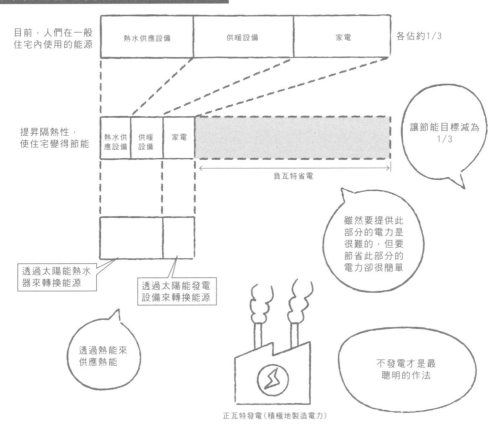

目前，人們在一般住宅內使用的能源　｜熱水供應設備｜供暖設備｜家電｜　各佔約1/3

提昇隔熱性，使住宅變得節能　｜熱水供應設備｜供暖設備｜家電｜　　　　　負瓦特省電

讓節能目標減為1/3

雖然要提供此部分的電力是很難的，但要節省此部分的電力卻很簡單

透過太陽能熱水器來轉換能源

透過太陽能發電設備來轉換能源

透過熱能來供應熱能

不發電才是最聰明的作法

正瓦特發電（積極地製造電力）

首先，節能是很重要的，如果不盡量減少能源消耗量的話，住宅就會變成裝設了很多設備的機械化生態住宅。另外，如果能源如同陽光那樣不穩定的話，住宅也很有可能會受到能源的影響。因此，最重要的就是節能，而且還必須製造能源。

無法興建非碳中和的建築物。

另一方面，在日本，雖然政府剛立法規定，人們必須提出關於大規模建築物（300m² 以上）的建築物報告，但還沒對「節能與減少CO_2排放量」進行規定。說起來，在目前的情況中，連「碳中和」這個詞都還不太為人所知。這也是「整個社會都不太重視能源問題」這一點所造成的報應。從現在開始也不遲，請大家把「碳中和」當作目標吧！

■ 我們要如何節約能源，並製造能源呢

那麼，我們要是對「要用多少能源，就製造多少」這種狀態置之不理的話，日本就會變得如同下圖那樣，能源消耗量會增加。不過，照那樣下去的話，能源就會不足。因

此，我們必須徹底轉換想法，想辦法盡量不要使用能源，並改成採取「只取出最小必要限度的能源」這種方針。在2020年之前，歐洲所追求的目標是碳中和住宅。碳中和住宅的對象是「P92中所介紹的住宅燃料消耗率標籤」，其目的在於，讓「空調設備、熱水供應設備、烹調設備，以及通風設備等用來維持住宅運作的必要設備的能源消耗量與二氧化碳排放量」變成零。因此，所有的住宅的燃料消耗率計算都必須要在同樣的條件下進行。只要試著仔細思考，就會發現這與「車子的燃料消耗率（油耗）標示」是相同的。只要我們清楚地闡明「燃料消耗率很好」這一點，肯定就能找到尋求附加價值的人。

每戶的能源消耗率與各種用途的能源消耗量的變化

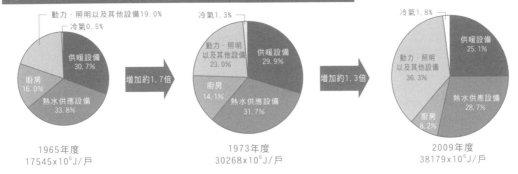

與1965年相比，現在每戶所消耗的能源已經多了一倍以上。每戶的家庭人數明明減少了，但能源消耗量卻增加了，真是奇怪呀！我認為由於大家過去沒有去思考能源問題，所以才會不自覺地增加能源消耗量。今後，我們應該一邊維持舒適度，一邊節約能源。

家庭方面所使用的能源的變化

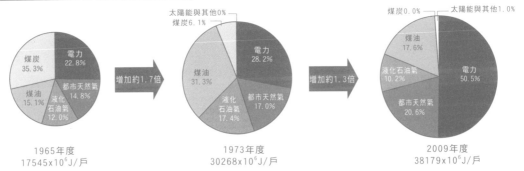

出處：根據日本能源經濟研究所「能源‧經濟統計要覽」、資源能源廳「綜合能源統計」製作而成

推行「利用深夜電力的全電化住宅」後，住宅的能源消耗量的一半變成來自電力。考慮到「我們不應該使用『發電時會造成很多浪費的電力』來供應熱能，而是應該透過熱能來供應熱能」這一點後，我認為我們必須重新考慮熱水供應設備與供暖設備的熱源。

38 初級能源

真正有助於節能的標準

透過光熱費（供暖設備與照明設備的費用）並無法測量出住宅的節能性能。讓我們來理解國際性節能標準與初級能源消耗量吧！

■ 我們應該透過什麼標準來判斷節能性能呢

搬進全電化住宅後，如果有「因為光熱費下降了，所以肯定變得比較節能」這種想法的話，就要特別留意。即使光熱費藉由「全電化住宅的折扣」與「活用深夜電力」

而下降了，但還是有不少人會比以前更加浪費能源。雖然我們可以透過光熱費來判斷住宅是否省錢，但是請大家要了解，想要辨別住宅是否環保時，光靠這項標準是不夠的。而且，我們只要去尋找適合當作節能標準的單位，就會發現「初級能源換算係數」這項概念。此概念的意思是，「實際運送到我們身邊的能源」在運送過程中所需的化石燃料的總量，英文為「Primary Energy

了解「在地球上被消耗的能源」

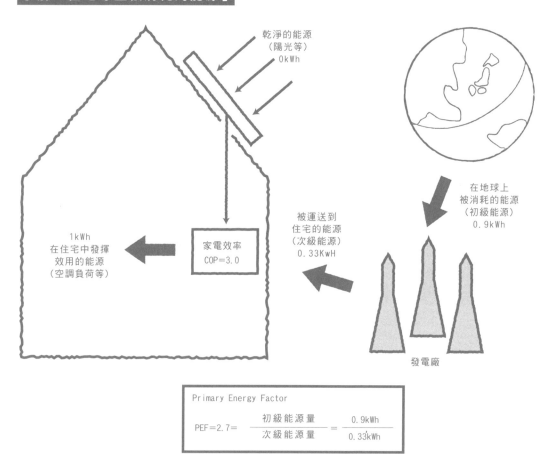

在家庭內使用1單位的能源時，我們能夠透過「製造此能源的機器的效率」與「能源固有的係數」，把「在地球上被消耗的化石燃料」換算為能源消耗量。以電力為例，即使被運送到家

中的能源為1單位，實際上，由於在發電與輸電的過程中，會消耗掉2.7倍的化石燃料，所以初級能源換算係數會是2.7。

Factor」。人們依照字首，將其簡稱為「PEF」。如同下表那樣，每種熱源的數值都有很大差異，在初級能源標準下，會變得最不利的就是電力。這就是「沒必要時，不能使用電力」的理由。然而，在如同挪威那樣可以透過波浪發電來供應電力需求的國家內，PEF會變得很低。依照同樣的原理，只要太陽能發電等可再生能源的比例增加的話，電力的PEF就會逐步地下降。如此一來，由於乾淨的電力的比例真的會增加，所以批判全電化住宅的必要性就會逐漸減弱。

■ 重新思考電力的使用方式吧！

在電力事業發展很自由的歐洲，民眾甚至可以選擇只購買「透過可再生能源製造出來的電力」。對於身處日本的我們來說，這是非常令人羨慕的事。只要乾淨的電力不普及的話，我們就會致力於「沒必要時，不要將電力轉換為熱能」這一點，藉由有效活用太陽能與生物質燃料，我們就能夠以「真正意義上的節能化」為目標。今後，我們應該要把「名為初級能源的節能標準」定為基準，並釐清建築物的節能性能。

比較各國的電力的PEF

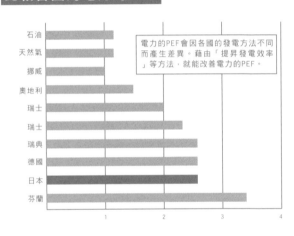

電力的PEF會因各國的發電方法不同而產生差異。藉由「提昇發電效率」等方法，就能改善電力的PEF。

各國的電力的PEF有如此大的差異。日本的數值為2.7，嚴格來說，這項數字應該被稱為「火力發電平均排放係數」，而且核能發電廠的發電量沒有被考慮在內。實際上，在311東日本大地震引發意外前，在包含了火力、水力、核能等所有發電方式當中，雖然火力發電所佔的比例會因電力公司而有所差異，但都在35～80％這個範圍內。因此，我們只要採取包含核能在內的平均係數「總發電量平均排放係數」，PEF就會有所改善，變成1.5左右，而且核能的比例越高的話，電力就越容易給人乾淨的印象。不過，在將來已經決定要廢除核能發電的瑞典與德國等國家中，在計算初級能源時，不會使用該國的「總發電量平均排放係數」，而是會使用「火力發電平均排放係數」。相反地，只要太陽能發電的比例上昇的話，電力的PEF就會下降。

國際上所使用的能源的PEF

我們試著比較了德國、瑞士、EU的PEF值。根據預測，我們可以得知，由於發電技術與原料籌措方式不同，所以各國的數值會產生若干差異。總之，電力的數值非常高。另一方面，將「透過太陽能發電或太陽能集熱板而取得的能源」用於自宅時，那些能源會被視為100％的可再生能源，而且PEF值為零。使用生物質能時，製造與運輸的能源會被納入考量。生物質能的數值為0.2，很優秀。在日本，由於瓦斯會透過管線來運送，所以瓦斯的數值為1.3，而且隨著核電廠停止運轉，我們認為電力的合理數值會在2.9以上。

能源	用來計算各國建築物燃料消耗率的PEF(Primary Energy Factor)			
	德國·節能法 (EnEV)	瑞士·迷你能源 (Minergie)	瑞士·SIA	歐洲規格·EN15603
煤油	1.1	1.0	1.1	1.35
天然氣·LPG	1.1	1.0	1.36	
煤炭·褐煤	1.1～1.2	1.0		1.19～1.4
木質生物質	0.2	0.7	0.1	0.09～0.1
區域供熱系統·汽電共生系統	0.0～0.7	0.6	0.9	
來自發電廠的區域供熱系統	0.1～1.3	1.0	0.9	
電力	2.8	2.0	2.9	3.14
太陽能發電等自然能源	0.0			

39 節能的可視化

從EU的住宅燃料消耗率標籤標示制度學習

比起環保與其他因素，有的人會更想要購買光熱費便宜的住宅，而且我們認為那樣的選擇是存在的。不過，如果想要購買生態住宅的人被迫買下非生態住宅的話，就會是個大問題。

■ 沒有「一眼就能看出環保性能」的標籤

在市面上，商人們會使用各種關於環保的廣告詞。即使業者再怎麼強調「透過太陽能發電，一年的賣電金額為XX日圓」、「高隔

熱性能與高氣密性」等宣傳話語，消費者還是完全搞不懂有多環保。為了避免「配備了很多節能設備的住宅被當成生態住宅來賣」這種情況發生，所以更加公平且易懂的「環保標準」是必要的。舉例來說，跟介紹車子一樣，我們只要試著用「燃料消耗率（油耗）」來表示「使用建築物時所產生的能源消耗量」的話，挑選節能住宅的消費者就會很容易理解。在EU圈中，依照法規，以德國

在歐洲，政府會立法來規範「可視化」

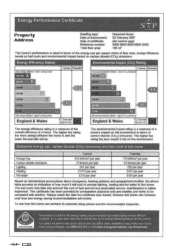

英國

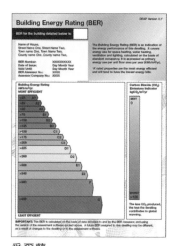

愛爾蘭

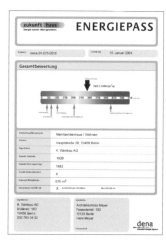

德國

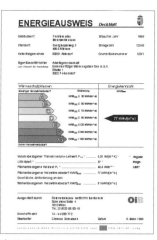

奧地利

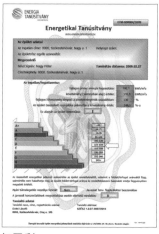

匈牙利

義大利

的「能源護照」為首，人們必須用標籤來標示建築物整體的燃料消耗率。消費者在購買節能住宅時，能夠活用這種標籤，並將其當成非常重要的判斷標準。EU各國在談論零耗能住宅的政策時，所談論的內容肯定是，透過這種「燃料消耗率標籤」的評價來建造零耗能住宅。

■ 避免使用難懂的標籤會比較好？

看了下述的「EU的住宅專用節能標籤」後，就能了解到，住宅的燃料消耗率會藉由絕對量來被轉換為數值。由於此標籤採用的不是「與原有的建築物相比，減少了ＸＸ％」

這種曖昧的表達方式，而是「地板面積每1m²每年的耗能為xxkWh」這種明確的數值，因此，將來法條修訂後，即使此標籤的等級被提昇為義務標準或輔助金對象，標籤的評價本身還是依然有效，而且這也是非常合理的。另外，節能的評價不會像日本那樣採用階梯狀的等級，而是會據實地將燃料消耗率顯示給消費者。

我希望住戶們今後務必要把蓋房子的工作委託給歡迎這種「透明化的燃料消耗率標示方法」的設計師與施工者。另外，我也希望設計師與施工者能夠為住戶著想，採取這種容易理解的燃料消耗率標示方法。

透過初級能源來顯示住宅的燃料消耗率

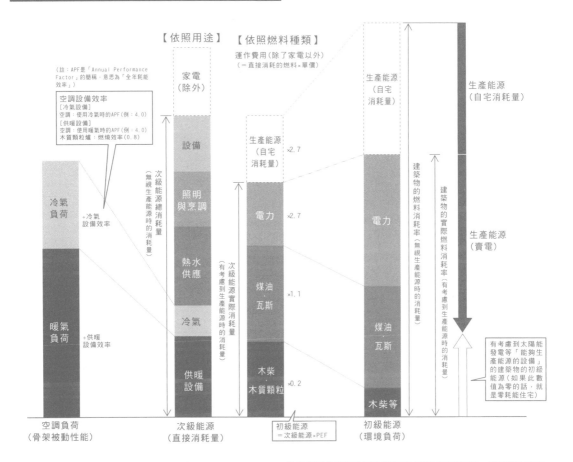

試著把P91的圖畫得更具體一點的話，就會變成這樣。由左到右依序為「建築物所接收的能源（負荷）」、「被運送到建築物內的能源總量（次級能源）」、「在地球上被消耗的初級能源」，最後一項則是能夠透過「可再生能源所製造的能源」來

進行抵消的建築物燃料消耗率（紅色箭頭符號）。雖然所有項目的單位都一樣，但涵義卻不同。在歐式住宅中，會用「地板面積每1m²的千瓦小時（kWh/m²）」來表示，在日式住宅中，則會用「每棟建築的百萬瓦（MW/棟）」來表示。

40 建築物燃料消耗率導引指南

將「被動式設計」定量化的重要性

此章要介紹的是，我們在介紹本書的實例時，所使用的燃料消耗率計算工具。透過此工具，住宅的節能性能就會一目瞭然。

■ 能夠公正地評價節能性能的工具

至今，日本全國各地的建築公司都很認真地在研究節能住宅，而且他們認為，日本也應該引進相當於「EU各國所採用的能源護照」的建築物燃料消耗率的標籤標示法。PASSIVE HOUSE JAPAN接受了這項提議，認為「既然機會難得，所以我們想要盡量作出一個『準確度高，設計師容易使用，消費者容易理解』的燃料消耗率標示工具」，並在2011年11月發表了名為「建築

物燃料消耗率導引指南」（以下稱為燃料消耗率導引指南）的燃料消耗率計算工具。此工具所使用的核心系統是德國被動式住宅研究所（Passivhaus Institut,Darmstadt）花費20年以上的歲月才研發出來的被動式住宅設計工具「Passive House Planning Package（PHPP）」，能夠進行高準確度的計算，其特徵為「由於匯入的CAD檔案會與能源計算程式產生連結，所以可以節省輸入時間」。

在進行設計時，藉由使用燃料消耗率導引指南，就能掌握「有效率地減少建築物所需的能源」的方法，並能透過初級能源換算係數來正確地掌握建築物整體的能源消耗量，

能夠讓人一眼就了解燃料消耗率的結果表

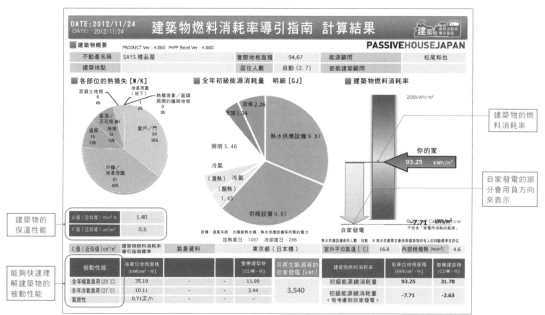

根據松尾和也先生的設計而得到的住宅不動產的結果表。建設地點：東京都葛飾區

這是透過「建築物燃料消耗率導引指南」所得到的結果。計算結果採用了一般人也非常容易理解的表示方法，每棟建築的特性都能一目瞭然。建築師能夠一邊評估結果表，一邊掌握被動式設計的觀念，並運用結果表來與住戶溝通。另外，為了今後的正能源屋，燃料消耗率導引指南的結果表中的初級能源消耗量也能夠用負數來表示。根據建築物的能源消耗量，太陽能發電等可再生能源所產生的自家發電量會用反向箭頭來表示。

使其反映出「節能設備的效果」與「能源的選擇」，而且還能與住戶進行溝通。施工者也能找到「既能發揮節能性能，而且成本效益很高的工法」或是「完成度較高的施工方法」。另外，在提昇既有建築物的節能性能的整修工程方面，我們也能一邊觀察「根據現狀，性能能夠提昇多少呢」與「成本效益」，一邊在設計階段進行充分的討論。因此，「能夠特別針對各種建地來設計客製化的生態住宅」是必要的，能夠達成這一點的就是「建築物燃料消耗率導引指南」。我們只要藉由「燃料消耗率的可視化」來建立關於生態住宅的公平條件與標準，住宅的節能性能肯定就會持續提昇吧！如此一來，不久後，「超越零耗能，而且能夠製造能源的住宅」似乎就會陸續出現。

■ 建築物的節能 × 健康地圖

「建築物的節能 × 健康地圖」這個網站在2012年10月開始啟用，我們可以透過網路，將「燃料消耗率導引指南」的結果表的內容登記在網站上。在此地圖中，橫軸表示「建築物全年的初級能源消耗量（kWh/m²）」，縱軸表示「建築物全年的暖氣負荷（kWh/m²）」。大家可以透過此地圖來比較各住宅建商的住宅規格。

此地圖的製作目的在於，要讓一般消費者了解到「骨架強化型的節能住宅」對於健康的好處。由於最新版本能夠模擬光熱費，所以此地圖不僅能夠顯示「生態住宅的初期節能性能」，還能確實地顯示「運作成本的縮減」這項有助於節省預算的優點。

建築物的節能 × 健康地圖

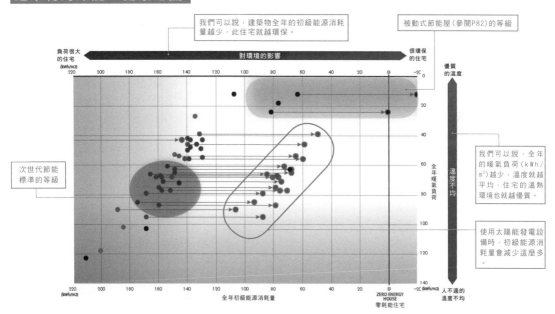

只要試著觀察此地圖，就會有非常多的發現。舉例來說，藉由讓「採用大型住宅建商所稱讚的標準規格『次世代節能標準』的住宅」配備約4kW的太陽能發電設備，就能讓該住宅的節能性能（橫軸）變得與「實際採用了被動式設計與隔熱強化措施的被動式節能屋等級住宅」幾乎相同。不過，根據縱軸，我們可以得知，後者的建築物內部溫熱環境比較優秀，而且對於住戶的健康比較有益。雖然兩者的全年運作成本差不多，但是在供暖設備使用期間，何者的每月光熱費會比較容易暴漲呢？假設兩者的初期成本都增加200萬日圓的話，那何者對於健康會比較有益呢？如果想要將自己公司的房產資料登記在地圖中的話，請洽詢一般社團法人PASSIVE HOUSE JAPAN。

「建築物燃料消耗率導引指南」 http://www.tatemono-nenpi.com

第 3 章　日本各地的生態住宅

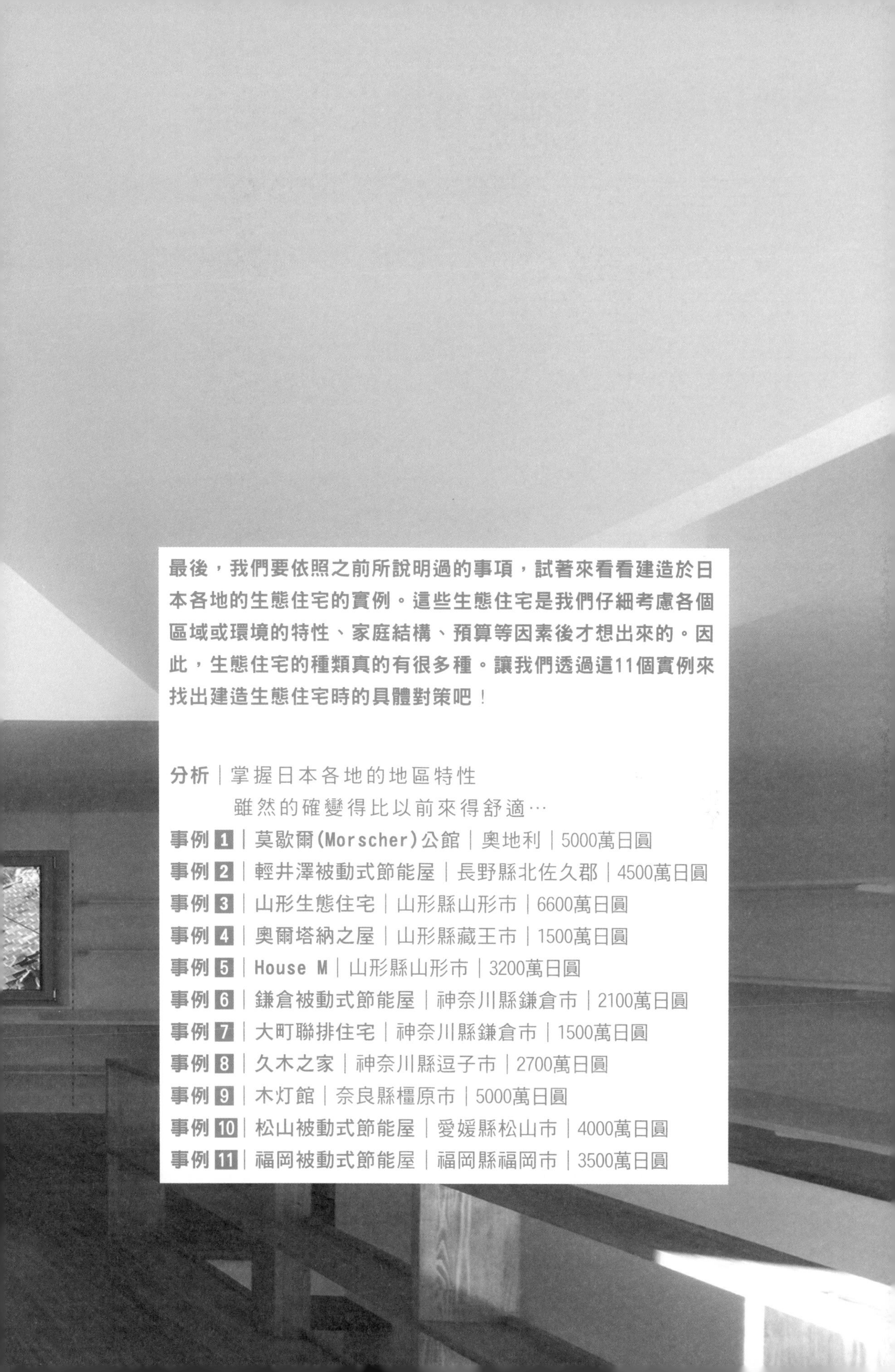

最後，我們要依照之前所說明過的事項，試著來看看建造於日本各地的生態住宅的實例。這些生態住宅是我們仔細考慮各個區域或環境的特性、家庭結構、預算等因素後才想出來的。因此，生態住宅的種類真的有很多種。讓我們透過這11個實例來找出建造生態住宅時的具體對策吧！

分析｜掌握日本各地的地區特性
　　　雖然的確變得比以前來得舒適⋯

事例 **1**｜莫歇爾(Morscher)公館｜奧地利｜5000萬日圓

事例 **2**｜輕井澤被動式節能屋｜長野縣北佐久郡｜4500萬日圓

事例 **3**｜山形生態住宅｜山形縣山形市｜6600萬日圓

事例 **4**｜奧爾塔納之屋｜山形縣藏王市｜1500萬日圓

事例 **5**｜House M｜山形縣山形市｜3200萬日圓

事例 **6**｜鎌倉被動式節能屋｜神奈川縣鎌倉市｜2100萬日圓

事例 **7**｜大町聯排住宅｜神奈川縣鎌倉市｜1500萬日圓

事例 **8**｜久木之家｜神奈川縣逗子市｜2700萬日圓

事例 **9**｜木灯館｜奈良縣橿原市｜5000萬日圓

事例 **10**｜松山被動式節能屋｜愛媛縣松山市｜4000萬日圓

事例 **11**｜福岡被動式節能屋｜福岡縣福岡市｜3500萬日圓

掌握日本各地的地區特性

以等級介於「包含東京在內的第IV地區的次世代節能標準(Q值2.7)」與「領跑者標準(Q值1.9)」之間的建築物為例,並試著將同樣的建築物移建到全國各地的話,就會發現,即使同樣是在日本國內,但能源消耗量的總量與明細還是會產生很大的差異。值得注意的是,在骨架性能達到這種等級的住宅內,在整體耗能中,冷氣與暖氣的合計耗能所佔的比例還是很大。因此,透過「運用被動式設計來提昇骨架性能」這一點,我們就能變得不依賴設備,並大幅地減少能源需求。隨著骨架性能提昇,如同從P102開始介紹的實例那樣,由於熱水供應設備所需的能源會變得很明顯,所以「活用太陽能或生物質能,並有效率地減少熱水供應設備所需能源」這一點會成為我們的課題。

如果房子蓋在岡山的話

■各部位的熱損失

牆壁	84 W/K	33%
窗戶	83 W/K	32%
屋頂	58 W/K	23%
換氣	17 W/K	7%
地板	13 W/K	5%
玄關	2 W/K	1%
其他	0 W/K	0%

■全年初級能源消耗量 明細

27% / 30% / 18% / 6% / 13% / 6% / 0%

■建築物燃料消耗率

你的家 147.49 kWh/㎡

0kwh/㎡ 碳中和

※設備:通風系統、太陽能熱水器、熱水供應設備等所需的電力

Q值(近似值)w/㎡·K 2.15 計算條件 以「建築物燃料消耗率導引指南」為標準
C值(近似值)cm/㎡ 1 氣象資料 岡山縣(岡山)

框動性能	每單位地板面積 [kWh/㎡·年]	整棟建築物 [GJ/棟·年]	太陽能發電(預估量)[kWh]	建築物燃料消耗率	每單位地板面積 [kWh/㎡·年]	整棟建築物 [GJ/棟·年]
全年暖氣負荷(20℃)	55.17	22.29	0	初級能源總消耗量	147.49	56.91
全年冷氣負荷(27℃)	34.21	13.20		初級能源總消耗量(有考慮到太陽能發電)	147.49	56.91
氣密性	1.49次/h	—				

DATA 2012/9/20

如果房子蓋在宮崎的話

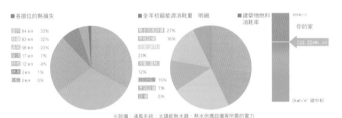

■各部位的熱損失

牆壁	84 W/K	33%
窗戶	83 W/K	32%
屋頂	58 W/K	23%
換氣	17 W/K	7%
地板	11 W/K	4%
玄關	2 W/K	1%
其他	0 W/K	0%

■全年初級能源消耗量 明細

27% / 16% / 23% / 12% / 15% / 7% / 0%

■建築物燃料消耗率

你的家 133.22 kWh/㎡

0kwh/㎡ 碳中和

※設備:通風系統、太陽能熱水器、熱水供應設備等所需的電力

Q值(近似值)w/㎡·K 2.14 計算條件 以「建築物燃料消耗率導引指南」為標準
C值(近似值)cm/㎡ 1 氣象資料 宮崎縣(宮崎)

PA框動性能	每單位地板面積 [kWh/㎡·年]	整棟建築物 [GJ/棟·年]	太陽能發電(預估量)[kWh]	建築物燃料消耗率	每單位地板面積 [kWh/㎡·年]	整棟建築物 [GJ/棟·年]
全年暖氣負荷(20℃)	29.14	11.24	0	初級能源總消耗量	133.22	51.40
全年冷氣負荷(27℃)	44.64	17.22		初級能源總消耗量(有考慮到太陽能發電)	133.22	51.40
氣密性	1.49次/h	—				

DATA 2012/9/20

如果房子蓋在沖繩的話

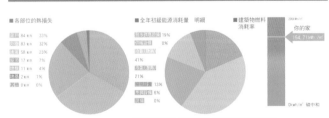

■各部位的熱損失

牆壁	84 W/K	33%
窗戶	83 W/K	32%
屋頂	58 W/K	23%
換氣	17 W/K	7%
地板	11 W/K	4%
玄關	2 W/K	1%
其他	0 W/K	0%

■全年初級能源消耗量 明細

19% / 0% / 41% / 21% / 13% / 6% / 0%

■建築物燃料消耗率

你的家 154.71 kWh/㎡

0kwh/㎡ 碳中和

※設備:通風系統、太陽能熱水器、熱水供應設備等所需的電力

Q值(近似值)w/㎡·K 2.13 計算條件 以「建築物燃料消耗率導引指南」為標準
C值(近似值)cm/㎡ 1 氣象資料 沖繩縣(沖繩)

被動性能	每單位地板面積 [kWh/㎡·年]	整棟建築物 [GJ/棟·年]	太陽能發電(預估量)[kWh]	建築物燃料消耗率	每單位地板面積 [kWh/㎡·年]	整棟建築物 [GJ/棟·年]
全年暖氣負荷(20℃)	0.05	0.02	0	初級能源總消耗量	154.71	59.70
全年冷氣負荷(27℃)	84.43	32.58		初級能源總消耗量(有考慮到太陽能發電)	154.71	59.70
氣密性	1.49次/h	—				

DATA 2012/9/20

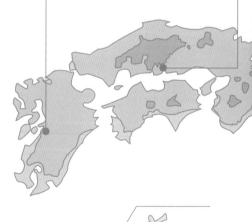

■ 第I地區	■ 第IV地區
■ 第II地區	■ 第V地區
■ 第III地區	■ 第VI地區

如果房子蓋在北海道的話

■各部位的熱損失

屋頂 84 w/k	32%
地板 83 w/k	32%
外牆 58 w/k	22%
窗戶 16 w/k	7%
換氣 2 w/k	3%
其他 0 w/k	0%

■全年初級能源消耗量 明細

	19%
	58%
	1%
	0%
	0%
	8%
	4%
	0%

■建築物燃料消耗率

你的家　261.79kWh/m²

0kwh/m² 碳中和

※設備：通風系統、太陽能熱水器、熱水供應設備等所需的電力

Q值（近似值）W/m²·K 2.18　　計算條件 以「建築物燃料消耗率導引指南」為標準
C值（近似值）cm²/m² 1　　氣象資料 北海道（札幌）

被動性能	每單位地板面積 [kWh/m²·年]	整棟建築物 [GJ/棟·年]	太陽能發電 （預估量）[kWh]	建築物燃料消耗率	每單位地板面積 [kWh/m²·年]	整棟建築物 [GJ/棟·年]
全年暖氣負荷(20℃)	165.68	63.93	0	初級能源總消耗量	261.79	101.01
全年冷氣負荷(27℃)	5.62	2.17		初級能源總消耗量 （有考慮到太陽能發電）	261.79	101.01
氣密性	1.49 次/h	—				

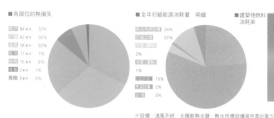

如果房子蓋在岩手的話

■各部位的熱損失

屋頂 84 w/k	32%
地板 83 w/k	32%
外牆 58 w/k	22%
窗戶 17 w/k	7%
換氣 15 w/k	6%
熱橋 2 w/k	1%
其他 0 w/k	0%

■全年初級能源消耗量 明細

	24%
	57%
	3%
	1%
	10%
	5%
	0%

■建築物燃料消耗率

你的家　199.55kWh/m²

0kwh/m² 碳中和

※設備：通風系統、太陽能熱水器、熱水供應設備等所需的電力

Q值（近似值）W/m²·K 2.17　　計算條件 以「建築物燃料消耗率導引指南」為標準
C值（近似值）cm²/m² 1　　氣象資料 岩手縣（盛岡）

被動性能	每單位地板面積 [kWh/m²·年]	整棟建築物 [GJ/棟·年]	太陽能發電 （預估量）[kWh]	建築物燃料消耗率	每單位地板面積 [kWh/m²·年]	整棟建築物 [GJ/棟·年]
全年暖氣負荷(20℃)	120.30	46.42	0	初級能源總消耗量	199.55	77.00
全年冷氣負荷(27℃)	10.47	4.04		初級能源總消耗量 （有考慮到太陽能發電）	199.55	77.00
氣密性	1.49 次/h	—				

如果房子蓋在東京的話

■各部位的熱損失

屋頂 84 w/k	33%
地板 83 w/k	32%
外牆 58 w/k	22%
窗戶 17 w/k	7%
換氣 13 w/k	5%
熱橋 2 w/k	1%
其他 0 w/k	0%

■全年初級能源消耗量 明細

	30%
	27%
	15%
	6%
	15%
	7%
	0%

■建築物燃料消耗率

你的家　132.73kWh/m²

0kwh/m² 碳中和

※設備：通風系統、太陽能熱水器、熱水供應設備等所需的電力

Q值（近似值）W/m²·K 2.15　　計算條件 以「建築物燃料消耗率導引指南」為標準
C值（近似值）cm²/m² 1　　氣象資料 東京都（日本橋）

被動性能	每單位地板面積 [kWh/m²·年]	整棟建築物 [GJ/棟·年]	太陽能發電 （預估量）[kWh]	建築物燃料消耗率	每單位地板面積 [kWh/m²·年]	整棟建築物 [GJ/棟·年]
全年暖氣負荷(20℃)	48.06	18.55	0	初級能源總消耗量	132.73	51.21
全年冷氣負荷(27℃)	27.76	10.71		初級能源總消耗量 （有考慮到太陽能發電）	132.73	51.21
氣密性	1.49 次/h	—				

在P98～P101中，我們會使用「建築物燃料消耗率導引指南」（參閱P94）來計算出隔熱規格各不相同的建築物的初級能源總消耗量與全年的空調負荷。此時，在建築物的形狀與窗戶的位置方面，我們會使用「自立循環型住宅的設計方針」當中的120m²的範例計畫(P101上方)。在空調方面，要使用高效率的空調設備。熱水供應設備與烹調設備要以瓦斯為熱源。在計算照明設備的耗能時，要假設住戶用的是螢光燈。由於我們終究會依照「整棟建築物的冬季溫度為20℃，夏季溫度為27℃」這樣的假設條件來進行計算，所以不會考量到「在冬天時，會把房間隔開，只在有人的地方使用供暖設備」這種生活方式。不過，在實際的地理條件方面，由於條件比這個範例計畫還要好的建築物很稀少，所以按照我們的預測，在同樣的溫度設定下，燃料消耗率會比此結果更低。

雖然的確變得比以前來得舒適…

雖然我們會覺得「用鋼筋混凝土建造的無隔熱性能公寓大廈」比「木造無隔熱性能建築」來得溫暖，但那只是「外牆的表面積較小」與「氣密性較高」所造成的現象。如果兩者都是無隔熱性能建築的話，比起鋼筋混凝土建築，木造無隔熱建築的性能會比較好。不過，日本的木造住宅原本就會使用土牆。既然不採用土牆的話，如果不好好進行隔熱措施的話，住宅的供暖效率就會比不上吉田兼好時代的房屋。在人們開始注重舒適度與節能的過程中，日本政府在平成11年(西元1999年)提出了「次世代節能標準」這項努力目標。不過，與歐洲現在的節能標準相比，這項標準還是相當落後。

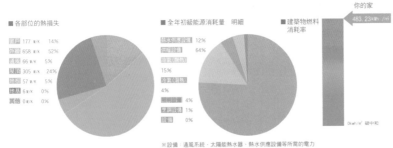

建築師常常會設計出這種鋼筋混凝土建造的無隔熱住宅。由於在規格上缺乏隔熱性能，所以在建築物內，必要的暖氣負荷會很龐大。實際上，建築師在設計大部分的住宅時，都會擔心光熱費，並降低供暖規格，犧牲舒適度，對吧？

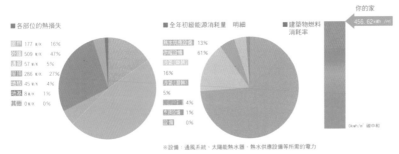

雖然我們可以看出，與鋼筋混凝土建造的無隔熱住宅相比，柱子間的空氣層會對少許的隔熱性能產生貢獻，但是由於氣密性很差，所以供暖設備所需的能源會相當龐大。依照預測，現在還有很多人住在這種住宅。由於比起節能，更重要的是舒適且健康的生活方式，所以我們會建議住戶進行整修。

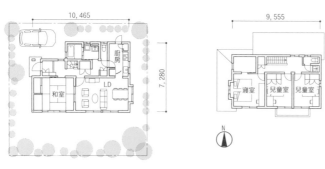

這次為了進行比較，所以我們使用了「自立循環型住宅的設計方針」當中的範例計畫。由於實際上，條件這麼好的住宅很少見，所以我們必須留意這一點。在比較地區特性與施工公司的規格時，只要使用此範例計畫，就會很方便。

「採用木造結構工法，並使用了土牆」的無隔熱住宅的性能

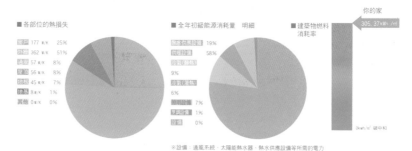

透過土牆的少許隔熱性能，Q值會稍微改善，建築物的蓄熱性能也會稍微增加。藉此，暖氣負荷、冷氣負荷也會稍微下降。如此一來，整棟建築的耗能就會減少為3分之2。從結論上來說，在無隔熱木造住宅中，土牆是不可或缺的。沒有土牆的無隔熱木造住宅等建築並不是日本的傳統建築。

Q值（近似值）W/m²·K 5.88　計算條件 以「建築物燃料消耗率導引指南」為標準
C值（近似值）cm²/m² 12　氣象資料 東京都(日本橋)

被動性能	每單位地板面積 [kWh /m²·年]	整棟建築物 [GJ/棟·年]	太陽能發電 (預估量)[kWh]	建築物燃料消耗率	每單位地板面積 [kWh /m²·年]	整棟建築物 [GJ/棟·年]
全年暖氣負荷(20℃)	232.94	89.88		初級能源總消耗量	305.37	117.83
全年冷氣負荷(27℃)	49.12	18.95	0	初級能源總消耗量 (有考慮到太陽能發電)	305.37	117.83
氣密性	17.85 次/h	—				

DATA 2012/9/20

Q值2.1的住宅的性能

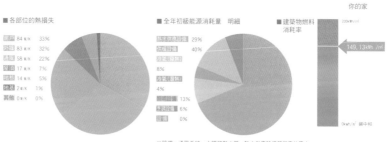

這是上一頁用來進行地區比較的「Q值2.1的住宅」。在新建住宅中，性能有達到這種等級的住宅應該還不到1/3吧！在冬季氣候與東京相同的法國，這種程度的隔熱性能已經成為義務標準。全年暖氣負荷為70kWh/m²，是「德國的被動式節能屋基準（15kWh/m²）」的4倍以上。我們能夠輕易地想像到「建築物內部的溫熱環境還是有相當大的差異」這一點。

Q值（近似值）W/m²·K 2.16　計算條件 以「建築物燃料消耗率導引指南」為標準
C值（近似值）cm²/m² 1　氣象資料 栃木縣(宇都宮)

被動性能	每單位地板面積 [kWh /m²·年]	整棟建築物 [GJ/棟·年]	太陽能發電 (預估量)[kWh]	建築物燃料消耗率	每單位地板面積 [kWh /m²·年]	整棟建築物 [GJ/棟·年]
全年暖氣負荷(20℃)	70.89	27.35		初級能源總消耗量	149.13	57.54
全年冷氣負荷(27℃)	19.52	7.35	0	初級能源總消耗量 (有考慮到太陽能發電)	149.13	57.54
氣密性	1.49次/h	—				

DATA 2012/9/20

1

這就是最新的歐洲型被動式節能屋！

建築物名稱	莫歇爾(Morscher)公館
建設地點	奧地利
建設時間	2007年
總建築面積	175m²
工法	由鋼筋混凝土與木造建材構成的混合結構
預算	5000萬日圓

照片提供：Morscher Bau-& Projektmanagement GmbH

這棟建築是由知名建築師赫曼‧考夫曼(Hermann Kaufmann)所設計的。考夫曼在奧地利連續不斷地設計了許多木造的節能建築。建設地點是福拉爾貝格邦的梅羅村。令人驚訝的是，向梅羅村購買土地時，由於只要保證會蓋被動式節能屋的話，就能以較便宜的價格來購買土地，因此被動式節能屋的建設非常興盛。另外，在這個街區內，風景區條例也包含了「採用無粉刷的木製外牆來完成建築」這一點，由此可看出，人們很認真地在保護此地的傳統景觀。在莫歇爾(Morscher)公館的建築計劃中，考夫曼先生採用的是他近年所使用的典型結構體系。在此工法中，地下室與1、2樓的地板和柱子會使用鋼筋混凝土，屋頂與1、2樓的外牆則會採用木造建材。而且，由於比起單純的木造結構，此工法能夠大幅提昇蓄熱性能，所以這種工法可以說是非常出色。此建築採用了名為「小型裝置(compact unit)」的被動式節能屋特有設備，其作用為通風、供暖、供應熱水。

設計者：赫曼‧考夫曼(Hermann Kaufmann)
施工者：Haller Bau GmbH

隔熱規格
屋頂：礦綿 t=320mm
外牆：纖維素隔熱材料t=300mm(填充隔熱＋礦綿t=40mm(附加隔熱))
地基下方：膨脹聚苯乙烯(EPS)t=150mm
窗戶：高性能木製窗框(三層式玻璃)U值＝0.75W/m²K

設備規格
供暖設備：透過安裝在通風裝置上的地熱幫浦來提供暖氣(小型裝置)＋柴爐(Drexel & Weiss公司製造)
冷氣設備：無
熱水供應設備：利用「熱交換型通風系統的排熱」的地熱幫浦(小型裝置)
通風設備：第一類熱交換型通風裝置(Drexel & Weiss公司製造)
照明設備：LED
烹調設備：電磁爐

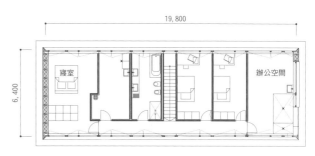

地上2樓平面圖(S=1：300)

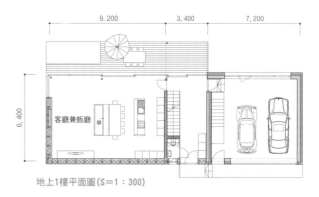

地上1樓平面圖(S=1：300)

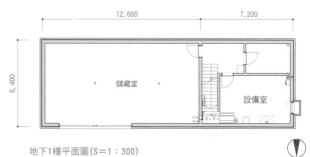

地下1樓平面圖(S=1：300)

N

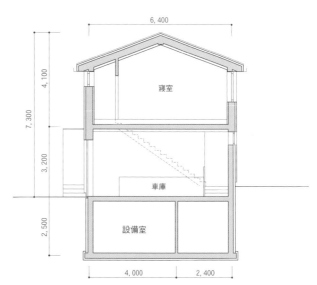

剖面圖(S=1：100)

一般來說，歐洲的獨棟建築都會設置地下室，不過，由於地下室通常都在供暖範圍外，所以人們在設計耗能效率良好的住宅時，必須要設法對1樓的地板進行隔熱措施。在此建築中，人們在1樓的鋼筋混凝土地板上鋪上15cm的膨脹聚苯乙烯（EPS）後，還要鋪上用來隔音的礦綿與5.5cm的混凝土地板，接著再鋪上木質地板。

在外牆方面，人們會依照奧地利的傳統規格，使用「依照直木紋的方向，用斧頭劈開的日本冷杉」，而且不進行粉刷。比起用鋸子鋸開的木頭，這種木頭的木材纖維不會受到破壞，能夠做成耐久性很高的外牆建材。據說，這是人們在「材料費用昂貴，人工費用低廉的貧窮時代」所想出來的方法。現在，會製造這種外牆建材的人已經變得很少了。此方法不僅能夠確保被動式節能屋的性能，還能夠實現「徹底使用纖維素隔熱材料、木製窗框、木製外牆建材、柴爐等木質材料」這個目標。另外，在設計上也有考慮到「將來能夠設置太陽能發電設備」這一點。

此建築所採用的木製窗框具有非常高的隔熱性能(U值＝0.75W/m²K)。此窗框不是過去那種「在木框中夾入硬質聚氨酯的類型」，而是會透過「在窗框內部設置空氣層」來提高隔熱性能的驚人商品。由此可看出，奧地利的Sigg公司非常注重環保。

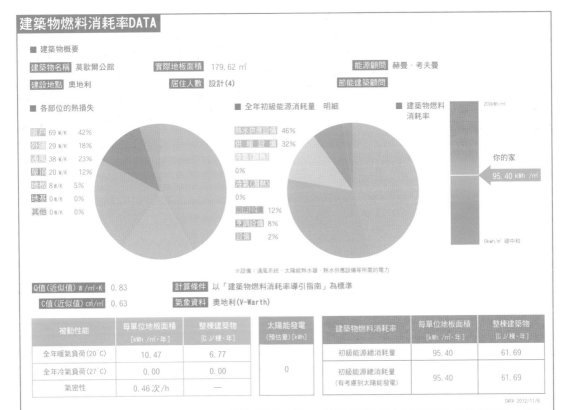

建築物燃料消耗率DATA

■ 建築物概要

建築物名稱 莫歇爾公館　　實際地板面積 179.62 ㎡　　　　　　　能源顧問 赫曼・考夫曼

建設地點 奧地利　　居住人數 設計(4)　　　　　　　　　節能建築顧問

■ 各部位的熱損失

窗戶 69 W/K 42%
外牆 29 W/K 18%
通風 38 W/K 23%
屋頂 20 W/K 12%
地板 8 W/K 5%
地基 0 W/K 0%
其他 0 W/K 0%

■ 全年初級能源消耗量　明細

熱水供應設備 46%
供暖設備 32%
冷氣(隔熱) 0%
冷氣(遮熱) 0%
照明設備 12%
空調設備 8%
設備 2%

■ 建築物燃料消耗率

200kWh/m

你的家

95.40 kWh/m

0kwh/m² 碳中和

※設備：通風系統、太陽能熱水器、熱水供應設備等所需的電力

Q值(近似值) W/m²·K　0.83
C值(近似值) c㎡/㎡　0.63

計算條件 以「建築物燃料消耗率導引指南」為標準
氣象資料 奧地利(V-Warth)

被動性能	每單位地板面積 [kWh /㎡・年]	整棟建築物 [G J/棟・年]	太陽能發電 (預估量)[kWh]	建築物燃料消耗率	每單位地板面積 [kWh /㎡・年]	整棟建築物 [G J/棟・年]
全年暖氣負荷(20˚C)	10.47	6.77		初級能源總消耗量	95.40	61.69
全年冷氣負荷(27˚C)	0.00	0.00	0	初級能源總消耗量 (有考慮到太陽能發電)	95.40	61.69
氣密性	0.46 次/h	──				

DATA 2012/11/6

雖說地板面積綽綽有餘，但沒有使用所謂的高性能隔熱建材，而是把牆壁厚度變得如此薄的理由在於，建築師要徹底地追求「建築物的簡潔形狀」與「有利於取得日照的窗戶位置」，並採用現階段最高等級的窗戶。為了方便起見，熱水供應設備的耗能會依照日式的需求來計算。

2

建設地點位在海拔1000m處的獨棟住宅

建築物名稱	輕井澤被動式節能屋
建設地點	長野縣北佐久郡
建設時間	2012年
總建築面積	168.14m²
工法	木造結構工法
預算	4500萬日圓

輕井澤被動式節能屋不僅符合德國的被動式節能屋標準,還能簡單地利用太陽能與生物質能,而且也是一棟沒有過多設備的「正能源屋(plus energy house)」。在海拔1000m的土地上,冬季非常寒冷,為了確保生活品質,所以龐大的能源是必要的。設計師在設計輕井澤被動式節能屋時,會根據建設地點的氣象資料,一邊調整「建築物的形狀、窗戶的方位與面積」等參數,一邊設計出「透過一台6坪用的空調,就能讓家中維持舒適的溫度」這樣的性能。依照推測,在冬季,住戶會確實使用柴爐。為了讓狗過得舒適,所以最後會在一樓的地板上貼上磁磚。由於透過骨架的優秀隔熱性能,外牆內側的表面溫度會與室溫產生非常密切的關聯,而且透過較少的空調負荷就能確保體感溫度,因此濕度的控制也很簡單。在春季與秋季,樓梯間會發揮煙囪效果,藉由打開窗戶進行通風,室外的風就會通過家中。

設計者：KEY ARCHITECTS
施工者：市川保工務店

隔熱規格
屋頂：玻璃棉24K t=350mm＋玻璃棉32K t=250mm
外牆：高性能玻璃棉16K t=180mm(填充隔熱)＋玻璃棉32K t=100mm(附加隔熱)
地基下方：擠壓成形聚苯乙烯發泡板t=150mm
地基直立部分：擠壓成形聚苯乙烯發泡板t=100mm(防白蟻型)
窗戶：高性能鋁包木窗框(三層式玻璃)、附加設備/日照取得率 南側0.61 其他0.50
玄關大門：高性能隔熱玄關大門 U值＝0.62W/m²K

設備規格
空調設備：安裝在通風路徑中的熱幫浦式通風管空調
供暖設備：蓄熱型柴爐(Olsberg公司製造 Palena Powerbloc Compact)
熱水供應設備：瓦斯熱水器
通風設備：第一類熱交換型通風裝置(Stiebel公司製造 LWZ-270plus)
照明設備：LED＋螢光燈泡
烹調設備：瓦斯爐
其他：太陽能發電板4.20kw

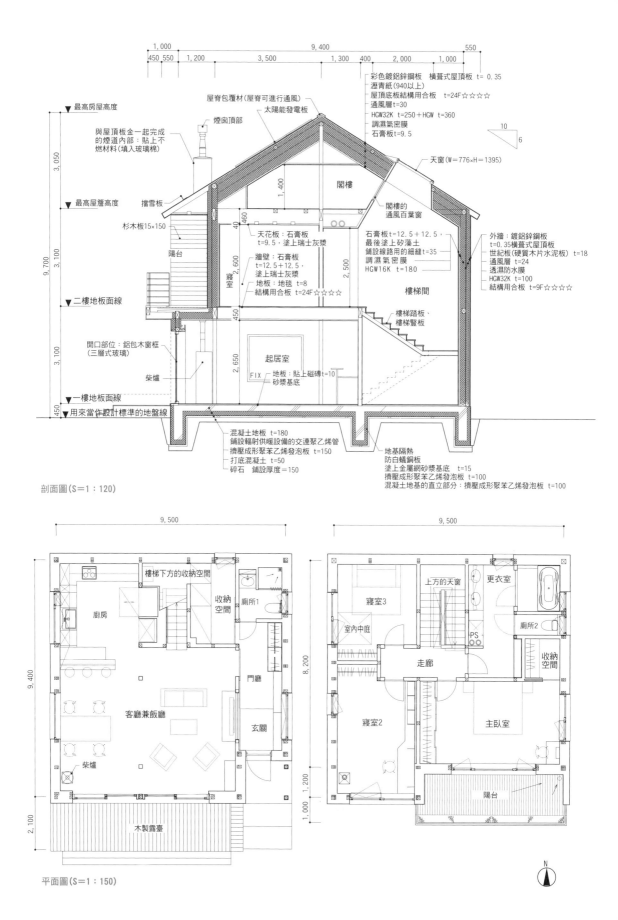

剖面圖（S＝1：120）

1,000　9,400　550
450　550　1,200　3,500　1,300　400　2,000　1,000

彩色鍍鋁鋅鋼板　橫葺式屋頂板　t＝0.35
瀝青紙（940以上）
屋頂底板結構用合板　t＝24F☆☆☆☆
通風層t＝30
HGW32K　t＝250＋HGW　t＝360
調濕氣密膜
石膏板t＝9.5

10
6

天窗（W＝776×H＝1395）

屋脊包覆材（屋脊可進行通風）
太陽能發電板

煙囪頂部

與屋頂板金一起完成
的煙道內部：貼上不
燃材料（填入玻璃棉）

▼最高房屋高度
3,050

▼最高屋簷高度
3,100

▼二樓地板面線
3,100

▼一樓地板面線
450

9,700

擋雪板
杉木板15×150
陽台

開口部位：鋁包木窗框
（三層式玻璃）

柴爐

▼用來當作設計標準的地盤線

1,400

閣樓

閣樓的
通風百葉窗

石膏板 t＝12.5＋12.5，
最後塗上矽藻土
鋪設線路用的細縫t＝35
調濕氣密膜
HGW16K　t＝180

外牆：鍍鋁鋅鋼板
t＝0.35橫葺式屋頂板
世紀板（硬質木片水泥板）t＝18
通風層t＝24
透濕防水膜
HGW32K　t＝100
結構用合板　t＝9F☆☆☆☆

460　40　天花板：石膏板
t＝9.5，塗上瑞士灰漿

寢室
2,600

牆壁：石膏板
t＝12.5＋12.5，
塗上瑞士灰漿
地板：地毯　t＝8
結構用合板 t＝24F☆☆☆☆

450

起居室

2,650

FIX

2,500

樓梯間

樓梯踏板、
樓梯豎板

地板：貼上磁磚t＝10
砂漿基底

混凝土地板 t＝180
鋪設輻射供暖設備的交連聚乙烯管
擠壓成形聚苯乙烯泡板 t＝150
打底混凝土 t＝50
碎石　鋪設厚度＝150

地基隔熱
防白蟻鋼板
塗上金屬網砂漿基底　t＝15
擠壓成形聚苯乙烯發泡板 t＝100
混凝土地基的直立部分：擠壓成形聚苯乙烯發泡板 t＝100

平面圖（S＝1：150）

9,500

樓梯下方的收納空間

廚房

收納
空間

廁所1

客廳兼飯廳

門廳

玄關

柴爐

木製露臺

9,400
2,100

9,500

寢室3

上方的天窗

更衣室

室內中庭

PS

廁所2

收納
空間

走廊

寢室2

主臥室

陽台

8,200　1,200　1,000

N

107

屋頂南側設置了4.2kW太陽能發電設備與柴爐的煙囪，北側則設置了天窗。在春秋季節，此天窗會成為通風用的煙囪。搭配使用的窗戶的高低差距越大，通風效率就會越好。

我們可以看到，建築師為了確保南側有很大的開口部位，所以把一部分的承重牆改成雙層。由於窗框的隔熱性能很高，所以日照取得量會超過熱損失。建築師在雙層結構的部分嵌入了間接照明設備。

雖然把窗框裝設在牆壁隔熱材料的中央是最理想的作法，不過，如果位置太深的話，陽光就不容易照進來。隨著方位的改變，裝設位置也要進行仔細的驗證。

想要確保玄關以及拉門的隔熱性能與氣密性是很難的。「透過國產建材，能夠降低多少成本」這一點也是我們今後的課題。

藉由提昇建築物的氣密性，柴爐也會進化。柴爐在使用室外空氣進行燃燒時，不會汙染室內空氣，也不會使室內形成負壓狀態。

建築物燃料消耗率DATA

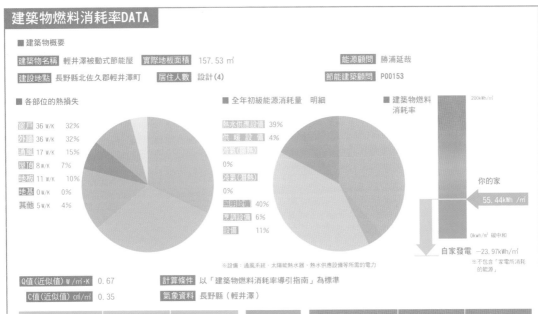

■ 建築物概要

| 建築物名稱 | 輕井澤被動式節能屋 | 實際地板面積 | 157.53 ㎡ | | 能源顧問 | 勝浦延哉 |
| 建設地點 | 長野縣北佐久郡輕井澤町 | 居住人數 | 設計(4) | | 節能建築顧問 | P00153 |

■ 各部位的熱損失

窗戶	36 w/K	32%
外牆	36 w/K	32%
通風	17 w/K	15%
屋頂	8 w/K	7%
地板	11 w/K	10%
地基	0 w/K	0%
其他	5 w/K	4%

■ 全年初級能源消耗量　明細

熱水供應設備	39%
供暖設備	4%
暖氣(顯熱)	0%
冷氣(顯熱)	0%
冷氣(潛熱)	0%
照明設備	40%
換氣設備	6%
設備	11%

※設備：通風系統、太陽能熱水器、熱水供應設備等所需的電力

■ 建築物燃料消耗率

200kwh/㎡

你的家　55.44kWh /㎡

0kwh/㎡ 碳中和

自家發電 −23.97kWh/㎡

※不包含「家電所消耗的能源」

| Q值(近似值) W/㎡·K | 0.67 | 計算條件 | 以「建築物燃料消耗率導引指南」為標準 |
| C值(近似值) ㎠/㎡ | 0.35 | 氣象資料 | 長野縣（輕井澤） |

被動性能	每單位地板面積 [kWh/㎡·年]	整棟建築物 [GJ/棟·年]	太陽能發電 （預估量）[kWh]	建築物燃料消耗率	每單位地板面積 [kWh/㎡·年]	整棟建築物 [GJ/棟·年]
全年暖氣負荷(20℃)	13.87	7.87	4,633	初級能源總消耗量	55.44	31.44
全年冷氣負荷(27℃)	3.76	2.13		初級能源總消耗量 （有考慮到太陽能發電）	−23.97	−13.59
氣密性	0.54 次/h	—				

DATA 2012/11/5

雖然地點位於次世代節能標準的第II地區，室外溫度很寒冷，但是由於Q值0.67符合被動式節能屋的暖氣負荷標準，所以我們能夠得知此建築採取了「能夠很有效率地取得冬季日照」的設計。簡潔的建築物形狀與綽綽有餘的地板面積也有利於住宅的設計。這是一棟很可靠的正能源屋。

3

蓋在寒冷地區的碳中和住宅

建築物名稱	山形生態住宅
建設地點	山形縣山形市
建設時間	2010年
總建築面積	208.15m²
工法	木造結構工法
預算	6600萬日圓

環境省實施了「21世紀環境共生型樣品屋改善計畫」，並從全國各地挑選了20個自治體，山形縣也是其中之一。此建案就是山形縣的改善計畫的主體。這個身為樣品屋的建築物結合了先進的隔熱性能、生物質鍋爐、高性能通風裝置。

由於「日本廠商對於技術的觀點」以及「技術本身的水準」都很低，所以政府從德國進口了門窗隔扇與通風裝置，並從奧地利進口了生物質鍋爐。另外，由於整體的工程費用提高了，因此，以公共工程來說，此建案的費用率很高。另一方面，藉由試著使用最先進的技術，我們也釐清了應優先考慮的技術。我們了解到，最重要的課題在於，不要仰賴各種機械，而是要一邊活用日照與通風等日本的氣候特徵，一邊提昇隔熱性能。

設計者：羽田設計事務所
施工者： takumi

隔熱規格

屋頂：玻璃棉24K t=300mm＋玻璃棉板32K t=100mm
外牆：玻璃棉24K t=300mm(填充隔熱)＋玻璃棉板32K t=100mm(附加隔熱)
地基下方：膨脹聚苯乙烯(EPS)t=50mm
地基直立部分：膨脹聚苯乙烯(EPS)t=100mm(防白蟻型)
窗戶：高性能鋁包木窗框 U值＝0.79W/m²K(三層式玻璃)、附加設備/日照取得率 0.51
玄關大門：高性能鋁包木窗框 U值＝1.1W/m²K

設備規格

供暖設備：由「蓄熱型柴爐＋木質顆粒鍋爐」所構成的熱水供暖系統
冷氣設備：小型空調
熱水供應設備：木質顆粒鍋爐(ETA公司製造)、太陽能熱水板
通風設備：第一類熱交換型通風裝置
照明設備：螢光燈泡
烹調設備：瓦斯爐＋瓦斯烤箱
其他：太陽能發電板

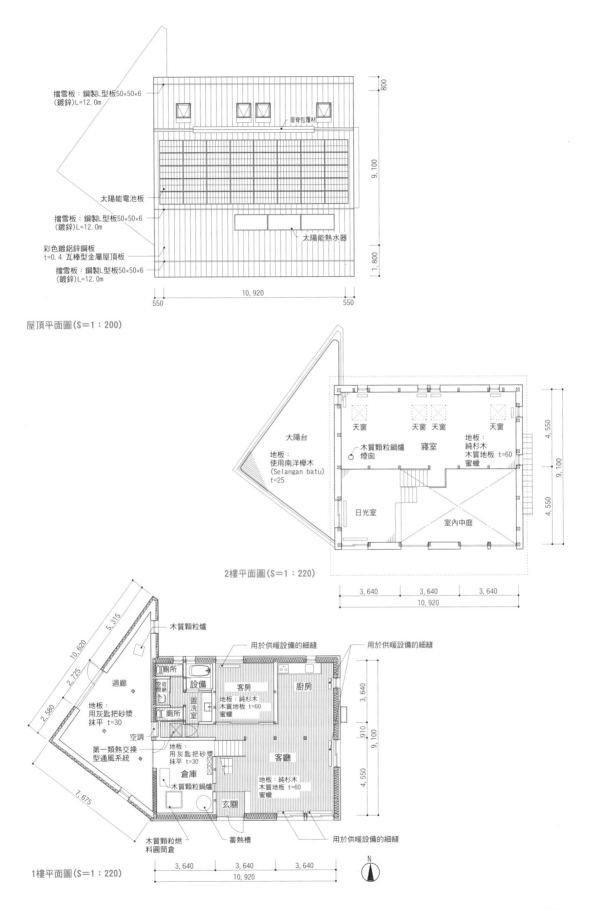

屋頂平面圖(S＝1：200)

擋雪板：鋼製L型板50×50×6
(鍍鋅)L=12.0m

屋脊包覆材

9.100

800

太陽能電池板

擋雪板：鋼製L型板50×50×6
(鍍鋅)L=12.0m

彩色鍍鋁鋅鋼板
t=0.4 瓦棒型金屬屋頂板

太陽能熱水器

擋雪板：鋼製L型板50×50×6
(鍍鋅)L=12.0m

1,800

550　　10,920　　550

2樓平面圖(S＝1：220)

大陽台
地板：
使用南洋櫸木
(Selangan batu)
t=25

天窗　天窗 天窗　　天窗

木質顆粒鍋爐
煙囪

寢室

地板：
純杉木
木質地板 t=60
蜜蠟

4,550

9,100

4,550

日光室

室內中庭

3,640　　3,640　　3,640
10,920

1樓平面圖(S＝1：220)

5.315

10.620

2.725

2.580

7.675

迴廊

地板：
用灰匙把砂漿
抹平 t=30

第一類熱交換
型通風系統

木質顆粒爐

用於供暖設備的細縫

用於供暖設備的細縫

廁所

設備

盥洗室

收納

廁所

空調

客房
地板：純杉木
木質地板 t=60
蜜蠟

廚房

地板：
用灰匙把砂漿
抹平 t=30

倉庫

木質顆粒鍋爐

玄關

客廳

地板：純杉木
木質地板 t=60
蜜蠟

3,640

910

9,100

4,550

木質顆粒燃
料圓筒倉

蓄熱槽

用於供暖設備的細縫

3,640　　3,640　　3,640
10,920

N

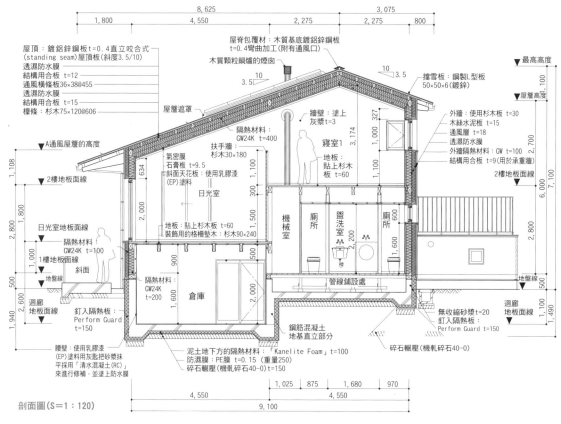

剖面圖（S＝1：120）

屋簷的長度會取決於溫熱環境計算工具的模擬結果。基本上，屋簷的突出長度是開口部位高度的1/3。在夏季的上午或下午，為了遮蔽來自東南或西南的日照，所以屋簷會稍微長一點。

考慮到「夏季的空調使用期間的長度」後，也有人會選擇縮短屋簷長度，以取得冬季的日照。

在第一類通風系統方面，由於在室內鋪設「來自外部的通風管、通往內部的通風管」等設備時會佔據空間，所以必須花費各種心思。對於通風管來說，只要彎曲程度越小，而且距離越短的話，就越容易發揮性能。而且，鋪設成本也會比較便宜。因此，把通風管設置在住宅的中央區域會比較好。在關東以西的地區，應該沒有必要勉強採用「第一類通風系統」吧！

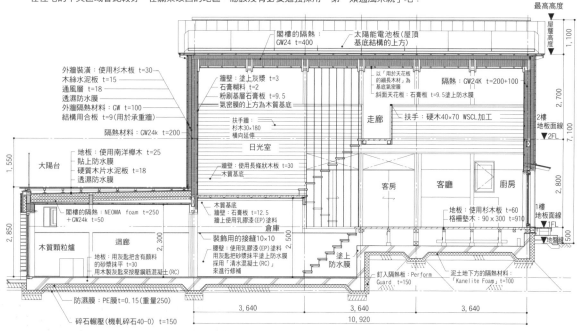

剖面圖（S＝1：120）

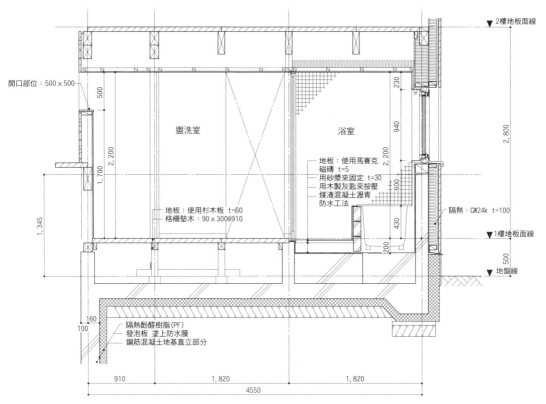

開口部位：500 x 500

盥洗室

浴室

地板：使用馬賽克磁磚 t=5
用砂漿來固定 t=30
用木製灰匙來按壓
煤渣混凝土瀝青
防水工法

隔熱：GW24k t=100

地板：使用杉木板 t=60
格柵墊木：90 x 300@910

▼ 2樓地板面線

▼ 1樓地板面線

▼ 地盤線

隔熱酚醛樹脂(PF)
發泡板 塗上防水膜
鋼筋混凝土地基直立部分

910 1,820 1,820
4550

詳細圖(S＝1：50)

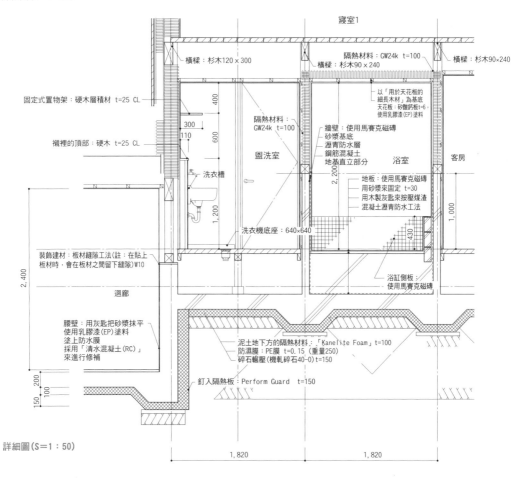

寢室1

隔熱材料：GW24k t=100

橫樑：杉木120 x 300
橫樑：杉木90 x 240
橫樑：杉木90×240

固定式置物架：硬木層積材 t=25 CL

以「用於天花板的
細長木材」為基底
天花板：矽酸鈣板t=6，
使用乳膠漆(EP)塗料

襯裡的頂部：硬木 t=25 CL

隔熱材料：
GW24k t=100

盥洗室

牆壁：使用馬賽克磁磚
砂漿基底
瀝青防水層
鋼筋混凝土
地基直立部分

浴室

客房

洗衣槽

地板：使用馬賽克磁磚
用砂漿來固定 t=30
用木製灰匙來按壓煤渣
混凝土瀝青防水工法

裝飾建材：板材縫隙工法(註：在貼上
板材時，會在板材之間留下縫隙)W10

洗衣機底座：640×640

浴缸側板
使用馬賽克磁磚

迴廊

腰壁：用灰匙把砂漿抹平
使用乳膠漆(EP)塗料
塗上防水膜
採用「清水混凝土(RC)」
來進行修補

泥土地下方的隔熱材料：「Kanelite Foam」=100
防濕膜：PE膜 t=0.15 (重量250)
碎石輾壓(機軋碎石40-0)t=150

釘入隔熱板：Perform Guard t=150

1,820 1,820

詳細圖(S＝1：50)

此住宅的最大特徵在於格局。為了利用朝南的日照，所以住宅是正對南方的。如此一來，就能有效地使用陽光。另一方面，由於夏季的日照對住宅是不利的，所以設計與性能會互相抗衡。

此住宅內設置了四個約1m²大的天窗。由於浮力通風的風會立刻流到人體身邊，所以住戶會感覺非常舒適。要留意開口部位的位置。
住宅內最好要設置天窗（位於天花板上的窗戶）或高側窗（位於牆壁高處的窗戶）。另外，窗戶必須能夠自由開關。如果預算足夠的話，採用電動窗會比較方便。

希望大家務必要體驗這種等級的隔熱性能。因東日本大地震而停電2天時，室溫也沒有降到18℃以下（當然有取得日照）。另外，此住宅平常是開放參觀的，所以我希望大家務必要去感受一下。

可以參觀！洽詢處
山形生態住宅 TEL 0236-73-9518 平日：10:00～16:00（週六日不定期開放）

此住宅的設備是由生物質鍋爐（使用木質顆粒）與太陽能熱水器所組成的。雖然設備非常優秀，但卻會佔據很大的空間。這項技術適合用於郊外地區。一般來說，由於歐洲住宅的後院都會有地下室，所以不會造成什麼大問題。不過，在日本的獨棟住宅內，我們必須節省空間才行。由於生態住宅的性能很高，而且日本的氣候很溫暖，所以機器設備所需的空間小得驚人。

建築物燃料消耗率DATA

■ 建築物概要

建築物名稱 山形生態住宅	**實際地板面積** 184.00 ㎡	**能源顧問** P00078
建設地點 山形縣山形市	**居住人數** 自動(5.3)	**節能建築顧問** 龜岡真彥

■ 各部位的熱損失

窗戶	45 W/K	28%
外牆	37 W/K	23%
換氣	32 W/K	20%
屋頂	14 W/K	8%
地板	14 W/K	9%
地基	18 W/K	11%
其他	0 W/K	0%

■ 全年初級能源消耗量 明細

熱水供應設備	7%
供 暖 設 備	18%
冷氣(顯熱)	1%
冷氣(潛熱)	5%
照明設備	56%
票調設備	7%
設備	6%

■ 建築物燃料消耗率

200kWh/㎡

你的家
57.47 kWh /㎡

0kWh/㎡ 碳中和

太陽光 −18.47kWh/㎡

※設備：通風系統、太陽能熱水器、熱水供應設備等所需的電力

Q值(近似值) W/㎡·K 0.70	**計算條件** 以「建築物燃料消耗率導引指南」為標準	
C值(近似值) c㎡/㎡ 0.96	**氣象資料** 山形縣(山形)	

被動性能	每單位地板面積 [kWh /㎡·年]	整棟建築物 [G J/棟·年]	太陽能發電 (預估量)[kWh]	建築物燃料消耗率	每單位地板面積 [kWh /㎡·年]	整棟建築物 [G J/棟·年]
全年暖氣負荷(20℃)	31.89	21.13		初級能源總消耗量	57.47	38.07
全年冷氣負荷(27 C)	7.57	5.02	5,175	初級能源總消耗量 (有考慮到太陽能發電)	−18.47	−12.24
氣密性	1.19次/h	—				

DATA 2012/11/8

在此實例中，由於藉由「使用了生物質能的供暖設備與熱水供應設備」，初級能源消耗量會大幅減少，所以只有照明設備的耗能很明顯。實際上，靠近道路這邊的迴廊部分會被視為倉庫，而且內部還會設置具有隔熱性能的門，以降低冬季的暖氣設定溫度。

4

透過最低限度的預算，
要怎樣才能蓋出生態住宅呢？
低成本的基本計劃

建築物名稱	奧爾塔納之屋
建設地點	山形縣藏王町
建設時間	2010年
總建築面積	87.7m²
工法	木造結構工法
預算	1500萬日圓

在「控制日照」這項考量下，我們採用了樹木。樹蔭的重要性超越了樹木，而且很美。另外，鳥兒肯定會來到樹上。「如何享受生活」這一點應該才是邁向生態住宅的第一步吧！

外牆用的是杉木板，而且還塗上了植物性木材保護塗料（歐斯蒙護木漆）。由於塗料是一種保護劑，所以木材能夠進行呼吸。

在這棟建築物內，我們可以期待從室內中庭的下方往上流動的浮力通風。空氣會從1樓低處的窗戶流向2樓高處的窗戶。只要有大

空間的話，即使與其臨接的空間的天花板高度很低，也不會覺得狹小。

由於上部有設置軌道，所以樓梯的位置是可以改變的。藉由調整樓梯位置，就能因應各種生活型態。或者，我們也可以把室內中庭的一半部分填滿，那樣的話，住宅就會變成「2樓有三房，1樓有一房」的4LDK格局。

這棟生態住宅位在別墅地區。我們思考了「要如何讓『在山形生態住宅中獲得的知識與見識』成為通用的範本呢」這個問題，並用國產設備來取代高性能的高價外國產品。雖然此住宅的成本很低，但仍配備了「3kWh太陽能發電設備」與「利用間伐材製成的檜木浴缸」。我們在建築物的南側擺了一棵落葉樹，在夏天，可以透過樹蔭來控制日照，在冬天，則能夠促使室內取得日照。會隨著季節而改變的景象很有魅力。由於地處多雪地區，所以我們把地基加高，提昇地板高度，並設置了連接地板的露臺。建築物的內部是一個很大的房間，格局非常簡潔。在設計上，藉由調整樓梯的位置，就能因應各種生活型態。

設計者：東北藝術工科大學
施工者：東洋殖產股份有限公司

隔熱規格
屋頂：玻璃棉24K t=300mm
外牆：玻璃棉24K t=200mm
地板下方：玻璃棉32K t=122mm
地基直立部分：無
窗戶：樹脂窗框（三層式玻璃）U值＝1.23～1.56W/m²K、附加設備/日照取得率 0.58

設備規格
冷暖設備：小型空調
熱水供應設備：瓦斯熱水器
通風設備：第一類熱交換型通風裝置
照明設備：LED
其他：太陽能發電板3.0kw

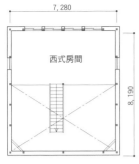

2樓平面圖(S＝1：250)

1樓平面圖(S＝1：250)

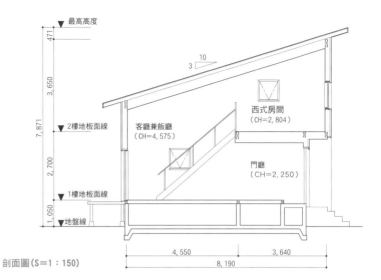

剖面圖(S＝1：150)

為了讓太陽能電池板處於最佳角度，所以屋頂斜度約為16.7度。據說，只要電線等的影子出現在太陽能電池板上，其發電效率就會下降。雖然透過發電量3kWh的設備並無法供應四人家庭的所有有用電量，不過我們認為「不要全部依賴太陽能電池，而是要以此為目標，降低用電量」這一點本身就是有意義的。

即使成本低，但隔熱還是很重要。在此，我們會充分地使用屋頂、牆壁構造的厚度來進行隔熱。由於空間很容易取得，所以我們能夠讓屋頂的隔熱性能變得更高一些。只不過，必須設置通風層。重點在於，要監督管理施工過程，以達成「通風路線不會中斷，並能透過上升氣流來進行通風」這個目標。

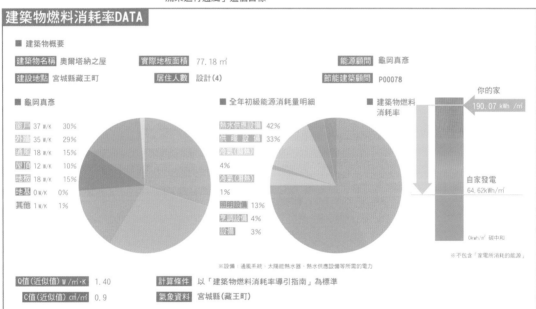

雖然Q值本身符合北海道的次世代節能標準，但在本書所介紹的實例中，此住宅的燃料消耗率是最差的。理由在於，藏王町的地理條件比山形生態住宅來得差，冬季很寒冷，而且奧爾塔納之屋的地板面積很小。在這層意義上，寒冷地區的狹小住宅是非常不利的。

5

把家人的隱私權與距離感融入設計中的標準範例

建築物名稱	House M
建設地點	山形縣山形市
建設時間	2011年
總建築面積	138.84㎡
工法	木造結構工法
預算	3200萬日圓

依照計畫，此生態住宅的目標性能為「Q值＝1.0」(實際的Q值＝0.88)。雖然性能相當於「山形生態住宅」與「被動式節能屋」，但總預算有控制在合理的範圍內。透過此住宅的設計，我們了解到「在理論上，與次世代節能標準相比，能源消耗量會減少為1/2～1/3」。另外，我們也得知，在此住宅內可以體驗到如同「山形生態住宅」般的舒適度。只要住宅到達這種等級後，住戶的節能意識就會變得更加敏銳。

設計者：東北藝術工科大學
施工者：三浦建築

隔熱規格
屋頂：高性能玻璃棉16K　t=400mm
外牆：高性能玻璃棉16K　t=220mm
地基下方：擠壓成形聚苯乙烯發泡板　t=100mm
地基直立部分：擠壓成形聚苯乙烯發泡板　t=100mm(防白蟻型)
窗戶：鋁包木窗框U值＝1.1W/m²K、一部分為高性能樹脂窗框(三層式玻璃)　U值＝1.23W/m²K、附加設備/日照取得率0.61
玄關大門：木製隔熱玄關大門　U值＝0.90W/m²K

設備規格
供暖設備：柴爐(MORSO公司製造　7140CB)、地板下的熱水地板(一部分在地板上方)
冷氣設備：小型空調
熱水供應設備：瓦斯熱水器＋太陽能熱水板、集成面板6m²、熱水儲存槽300公升
通風設備：第一類熱交換型通風裝置(日本電興AVH-85全熱型)
照明設備：LED
其他：太陽能發電板4.8kw

9,555

7,280

寢室

主臥室

寢室

室內中庭

和室

2樓平面圖(S=1：200)

9,555

7,280

玄關

客廳

廚房

柴爐

1樓平面圖(S=1：200)

N

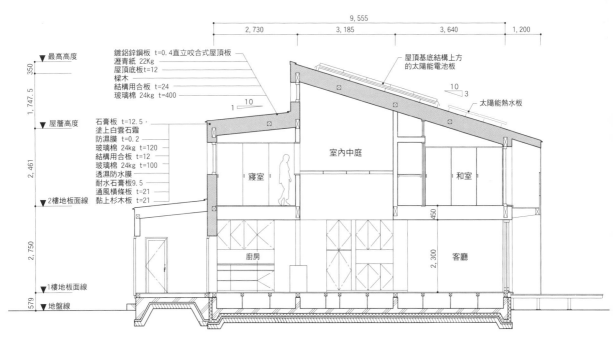

9,555

2,730　3,185　3,640　1,200

▼ 最高高度

350

1,747.5

鍍鋁鋅鋼板 t=0.4直立咬合式屋頂板
瀝青紙 22Kg
屋頂底板t=12
樑木
結構用合板 t=24
玻璃棉 24kg t=400

屋頂基底結構上方
的太陽能電池板

10
3

太陽能熱水板

1

10

▼ 屋簷高度

2,461

石膏板 t=12.5，
塗上白雲石霜
防濕膜 t=0.2
玻璃棉 24kg t=120
結構用合板 t=12
玻璃棉 24kg t=100
透濕防水膜
耐水石膏板9.5
通風橫條板 t=21
黏上杉木板 t=21

室內中庭

寢室

和室

▼ 2樓地板面線

450

2,750

廚房

客廳

2,300

▼ 1樓地板面線

579

▼ 地盤線

剖面圖(S=1：120)

119

外牆用的是塗上透明塗料的杉木板,可以直接呈現出木材的質感。木材這種東西是很誠實的,在有屋簷的部分,顏色不太會改變,在沒有屋簷的部分,顏色會逐漸變成灰色。許多「海濱的崗哨」或「跨越時代的寺院」等古老的日本建築即使外牆的塗料脫落,大多還是能夠抵擋風雪。

我認為「如何去享受這種長期變化」這一點應該才是新的審美觀吧。

外觀設計的特徵在於,南側的翼牆。在非中天時刻,我們能夠藉由往外突出的翼牆來遮蔽上午或下午的日照。雖然此地的氣候幾乎與「山形生態住宅」相同,但此住宅比較涼爽。我們認為主要原因在於,此住宅結合了「夜間排熱的利用(讓室內吸收夜晚的冷空氣,以維持溫度)」、「西側是否有很大的開口部位」等要素。這些要素是被當成設施來運用的「山形生態住宅」所辦不到的。

即使是生態住宅,也要有白色的空間。內部的牆壁採用了石膏板,並塗上了油漆(AEP)。許多訪客看到室內裝潢後,都說「不像生態住宅」。我們不應該以印象來談論生態住宅,而且生態住宅並不會與生活型態、喜好產生衝突。也就是說,生態住宅只跟性能有關。舉例來說,我們也可以選擇「只有和室的生態住宅」。由於生態住宅並不是一種風格,所以能夠與各種風格共存。

照片(P120下排左‧P121上排左):中村繪 © LiVES

在此住宅內，我們盡量不使用合板。我們捨棄了「用來當作地板地基的合板」等，而是直接黏上木質地板。這是因為，由於在建造生態住宅時，氣密性會提昇，並容易受到甲醛等化學物質的影響，所以我們想要避免這一點發生。另外，我們對於「把可使用性擺在第一位的住宅建造方式」也帶有疑問。

由於我們想要盡量發揮建材的優點，所以在木質地板方面，我們使用了杉木，並會塗上蜜蠟。杉木很軟，椅子的腳輪也會留下痕跡。杉木並非不用保養，只不過，由於杉木很軟，所以腳的觸感非常好。即使有某種程度的受損，也不會令人在意。如果習慣使用工業產品的話，可能會覺得這樣的敘述很不協調，不過所謂的木材就是那樣的東西，日本人已經在這種感覺中生活了好幾百年。

在生態住宅中，由於窗戶的氣密性很好，所以住戶不會聽到室外的聲音，能夠擁有安靜的生活。另一方面，由於房間是透過室內中庭來連接的，所以住戶會經常聽見家中的聲音，並發現「家人正在做某件事」的跡象。

在此住宅中，空氣是相連的。即使有牆壁，也會有開口部位，而且拉門大多是打開的。雖然看不到其他人，可以保護隱私權，但空氣是相連的。這一點正是生態住宅空間的特徵。

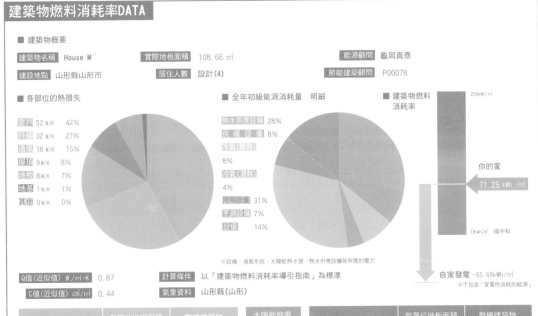

建築物燃料消耗率DATA

■ 建築物概要

建築物名稱 House M	實際地板面積 108.66 ㎡		能源顧問 龜岡真彥
建設地點 山形縣山形市	居住人數 設計(4)		節能建築顧問 P00078

■ 各部位的熱損失

窗戶	52 W/K	42%
外牆	32 W/K	27%
通風	18 W/K	15%
屋頂	9 W/K	8%
地板	8 W/K	7%
地基	1 W/K	1%
其他	0 W/K	0%

■ 全年初級能源消耗量　明細

熱水供應設備	28%
供暖設備	8%
冷氣(顯熱)	8%
冷氣(排熱)	4%
照明設備	31%
家電設備	7%
設備	14%

※設備：通風系統、太陽能熱水器、熱水供應設備等所需的電力

■ 建築物燃料消耗率

200kWh/㎡

你的家
71.25 kWh/㎡

0kWh/㎡　碳中和

自家發電 −65.68kWh/㎡
※不包含「家電所消耗的能源」

Q值(近似值) W/㎡·K	0.87
C值(近似值) ㎠/㎡	0.44

計算條件	以「建築物燃料消耗率導引指南」為標準
氣象資料	山形縣(山形)

被動性能	每單位地板面積 [kWh /㎡·年]	整棟建築物 [GJ/棟·年]
全年暖氣負荷(20℃)	34.83	13.62
全年冷氣負荷(27℃)	11.46	4.48
氣密性	0.59次/h	—

太陽能發電 (預估量)[kWh]
5,511

建築物燃料消耗率	每單位地板面積 [kWh /㎡·年]	整棟建築物 [GJ/棟·年]
初級能源總消耗量	71.25	27.87
初級能源總消耗量 (有考慮到太陽能發電)	−65.68	−25.69

DATA 2012/11/8

雖然全年暖氣負荷為34.83kWh/m²，是被動式節能屋的2倍，不過，藉由使用柴爐，就能夠將供暖設備的初級能源消耗量控制在最低限度。藉由太陽能熱水板的貢獻，熱水供應設備所需的能源也會減少。在寒冷地區，以這樣的價格來說，這無疑是性價比非常好的樣品屋。

6

日本第一棟獲得德國節能認證的住宅！

建築物名稱	鎌倉被動式節能屋
建設地點	神奈川縣鎌倉市
建設時間	2009年
總建築面積	93m²
工法	框組式工法(2x4工法)
預算	2100萬日圓

這棟「鎌倉被動式節能屋」就是日本第一棟獲得德國被動式節能屋研究所頒發的「被動式節能屋證書」的建築物。雖然屋主非常渴望建造被動式節能屋，但剛開始設計時，此住宅卻處於「道路位在南側，而且四周都被鄰居與山丘包圍，很難取得日照」這種地理條件。如果為了以較低的預算來建造燃料消耗率良好的住宅，所以在材料上妥協的話，就會變得本末倒置。屋主使用了以木製窗框、木質隔熱材料、燒杉板外牆建材為首的木質建材，並堅持使用純木質地板和矽藻土塗料。最後，這棟住宅變得完全沒有多餘之物。由於建築物的地板面積很小，而且形狀為細長狀，所以抑制熱損失的工作會遠比一般住宅來得困難。由於多項不利條件加在一起，所以即使地處鎌倉，此住宅的外皮的隔熱性能最後還是變得相當高。這項建案經常會讓我們去思考「在這種土地昂貴的地區建造獨棟住宅真的是理想的解決方法嗎」這個問題。此住宅今後的課題在於，由於我們在增強外皮性能方面花光了所有預算，所以沒有餘力採用可再生能源。

設計者：KEY ARCHITECTS
施工者：建築舍

隔熱規格
屋頂：木質纖維t=420mm
外牆：木質纖維t=140mm(填充隔熱)、木質纖維t=100mm(附加隔熱)
地基下方：擠壓成形聚苯乙烯發泡板 t=150mm
地基直立部分：膨脹聚苯乙烯(EPS)t=100mm(防白蟻型)
窗戶：高性能鋁包木窗框U值＝0.79W/m²K(三層式玻璃)、附加設備/日照取得率 南側0.51
玄關大門：木製隔熱玄關大門 U值＝0.99W/m²K

設備規格
空調設備：小型空調
熱水供應設備：EcoCute(自然冷媒熱幫浦熱水器)
通風設備：第一類熱交換型通風裝置(Stiebel公司製造 LWZ-170plus顯熱型)
照明設備：螢光燈泡
烹調設備：電磁爐

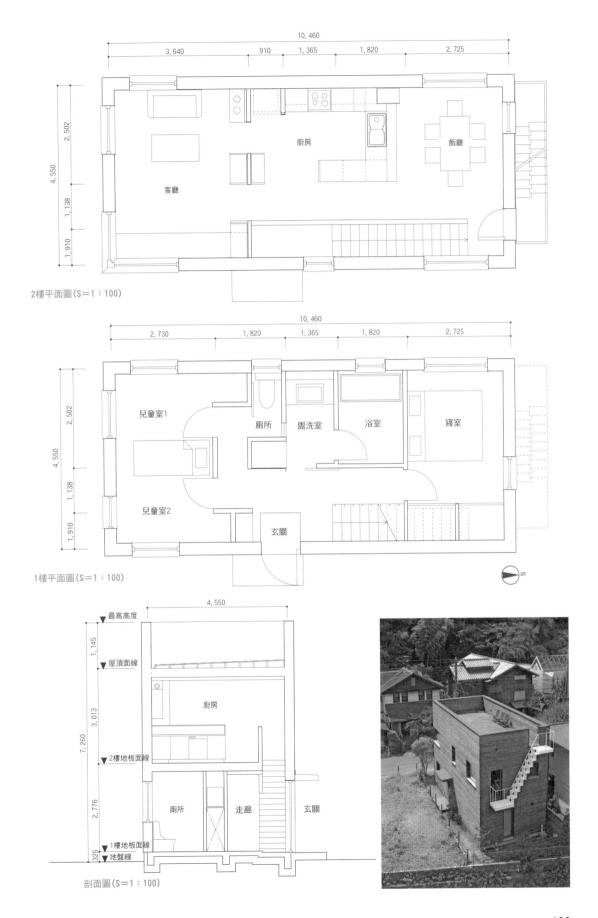

2樓平面圖(S＝1：100)

10,460
3,640　910　1,365　1,820　2,725

4,550
2,502　1,138　1,910

廚房
飯廳
客廳

1樓平面圖(S＝1：100)

10,460
2,730　1,820　1,365　1,820　2,725

4,550
2,502　1,138　1,910

兒童室1
廁所　盥洗室　浴室　寢室
兒童室2
玄關

N

剖面圖(S＝1：100)

4,550

最高高度
1,145
屋頂面線
7,260　3,013
廚房
2樓地板面線
2,776
廁所　走廊　玄關
1樓地板面線
326　地盤線

透過2樓中央的廚房來分配客廳與飯廳的位置。廚房是IKEA製造的產品。在屋主的強烈要求下,此住宅成了全電化住宅。在設計上,由於冷氣、暖氣設備的負荷都很接近被動式節能屋認證標準的極限,所以要通過總初級能源標準是非常困難的。

為了確保氣密性與隔熱性能,所以我們採用了德國製的木製玄關大門。在歐洲的住宅中,沒有明確規定要在玄關處脫鞋,而且玄關大門通常是內開式。「鎌倉被動式節能屋」出現後,廠商開始會特別訂製以日本為客群的外開式大門。

在空調設備方面,1樓與2樓各安裝了一台6坪用的小型空調。為了讓樓梯順利地利用上下兩樓的窗戶來進行通風,所以樓梯的位置與形狀要經過仔細的設計。根據模擬結果,我們了解到,在夏天,藉由打開窗戶來通風,室溫會下降一些,但另一方面,由於相對濕度的上昇,所以有時並不會感到舒適。

我們會依照模擬結果來推算出外牆所需的隔熱性能,並不斷地反覆驗證「要如何將隔熱性能分配給填充隔熱與附加隔熱,才能獲得最高的經濟效率」這一點。最後,我們採用了「2x6工法」,附加隔熱部分的木質纖維隔熱材料厚度為100mm。我們考慮到地區的氣候特性後,也採用了調濕氣密膜。

在外牆部分,我們貼上了沒有粉刷的燒杉板。燒杉板會隨著歲月而褪色,並發出銀色光芒。

「只要有使用防雨或遮陽措施的話,顏色就不會均勻地褪去」這一點正是讓設計者感到煩惱的原因。在「鎌倉被動式節能屋」中,由於我們採用了平屋頂,所以唯一會出現顏色不均的部分就是此門口屋簷正下方的外牆部分。

由於建蔽率的問題,所以天台樓梯無法取得更多空間。雖然我們從外牆透過8個托架來支撐此樓梯,但被動式節能屋研究所指出「此處是熱損失很嚴重的熱橋部位(heat bridge)」,並進行分析,把熱橋係數化為數值。與「木質結構材所造成的貫穿情況」不同,我們大多無法忽視「鐵製結構材導致隔熱材料遭到貫穿」這一點。

這是設置在客廳兼書房空間的「轉角窗框」。窗框裝設在厚外牆中較內側的位置，而且也有考慮到外牆的屋簷效果。如果日照遮蔽效果還是不夠的話，可以透過室內這邊的百葉窗來彌補。由於隨著住宅的開口面積變大，這種方法的遮蔽能力會變得不足，所以要多留意。

在成本考量下，外牆部分是由「2×6尺寸的板材」所構成的。比起木造結構工法，此方法確實比較容易確保氣密性，施工者的努力也有了代價，達到了「C值＝0.16」這個目標。在今後的被動式節能屋建案中，我們在決定氣密工程的規格時，會以「C值＝0.3左右」為目標。

屋主有兩名天生罹患氣喘的孩子，自從他們一家搬進此住宅後，孩子的氣喘就沒有再發作，而且也變得不需使用他們帶來的空氣清淨機。今後，我們也應該好好地評估這種有益健康的優點。

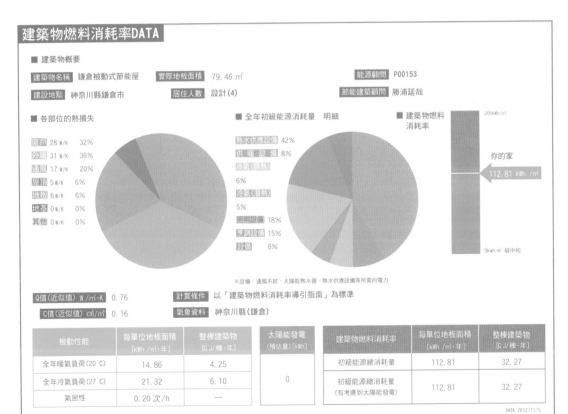

建築物燃料消耗率DATA

■ 建築物概要

建築物名稱 鎌倉被動節能屋	實際地板面積 79.46 ㎡		能源顧問 P00153
建設地點 神奈川縣鎌倉市	居住人數 設計(4)		節能建築顧問 勝浦延哉

■ 各部位的熱損失

- 窗戶 28 W/K 32%
- 外牆 31 W/K 36%
- 通風 17 W/K 20%
- 屋頂 5 W/K 6%
- 地板 5 W/K 6%
- 地基 0 W/K 0%
- 其他 0 W/K 0%

■ 全年初級能源消耗量　明細

- 熱水供應設備 42%
- 供暖設備 8%
- 冷氣(顯熱) 6%
- 冷氣(潛熱) 5%
- 照明設備 18%
- 茅調設備 15%
- 設備 6%

※設備：通風系統、太陽能熱水器、熱水供應設備等所需的電力

■ 建築物燃料消耗率

200kWh/㎡

你的家　112.81 kWh /㎡

0kwh/㎡ 碳中和

Q值(近似值) W/㎡·K 0.76
C值(近似值) c㎡/㎡ 0.16

計算條件 以「建築物燃料消耗率導引指南」為標準
氣象資料 神奈川縣(鎌倉)

被動性能	每單位地板面積 [kWh/㎡·年]	整棟建築物 [GJ/棟·年]	太陽能發電 (預估量)[kWh]	建築物燃料消耗率	每單位地板面積 [kWh/㎡·年]	整棟建築物 [GJ/棟·年]
全年暖氣負荷(20℃)	14.86	4.25		初級能源總消耗量	112.81	32.27
全年冷氣負荷(27℃)	21.32	6.10	0	初級能源總消耗量 (有考慮到太陽能發電)	112.81	32.27
氣密性	0.20 次/h	—				

DATA 2012/11/5

由於預算上的關係，所以鎌倉被動式節能屋沒有餘力採用可再生能源。由於冷氣與暖氣負荷都已達到被動式節能屋認證標準的極限，所以要通過該認證標準中的初級能源消耗量的上限(120kWh/m²)是極為困難的。藉由徹底採用被動式設計，在能源消耗量中，EcoCute熱水供應設備的能源消耗量佔據了壓倒性的比例。藉由這次的經驗，在今後的建案中，我們會一邊增強骨架性能，一邊去摸索「有助於均衡地降低建築物整體的初級能源消耗量的設備概念」。

7

屋齡28年的「大町聯排住宅」
是用鋼筋混凝土建造而成的我們要
讓此庫存住宅在出租的狀態下重生

建築物名稱	大町聯排住宅
建設地點	神奈川縣鎌倉市
建設時間	2012年
總建築面積	78m²
工法	鋼筋混凝土造
預算	1500萬日圓

這是一個將「屋齡28年的鋼筋混凝土造連棟住宅」改建成節能住宅的實例。這是一項由本書合著者之一的森美和親自嘗試進行的「出租住宅整修計畫」。屋主與租借人森女士簽訂了為期十年的定期租屋契約，契約書中包含了「森女士會自費進行整修工程」這一點。每個月的房租從9萬8000日圓調降為2萬日圓，身為租借人的筆者把「10年期間的大部分房租」當成第一年所需投資的整修費用。把建築物拆成完全只剩骨架的狀態，並進行包含「節能改建工程」在內的整修工程，整個過程需要花費約1500萬日圓。藉由這種大規模的改建，我們就能享受太陽能與柴爐所帶來的恩惠，並過著既節能又健康的租屋生活。

「10年後離開此住宅時，不用將住宅恢復原狀」這一點也有被加到契約書的特別記載事項中。

在全日本，已形成「古屋」狀態的庫存住宅正在增加中。庫存住宅的重生正是一種有考慮到「生命週期二氧化碳排放量（$LCCO_2$）」的節能措施。

設計者：KEY ARCHITECTS
施工者：高橋建築、StoJapan股份有限公司等

隔熱規格
屋頂：纖維素隔熱材料t=240mm
外牆：外牆隔熱工法、膨脹聚苯乙烯(EPS)t=100～150mm、木質纖維板t=40mm(附加隔熱)
地基下方：真空隔熱材料 t=24mm＋發泡玻璃碎石(外部結構)
地基直立部分：擠壓成形聚苯乙烯發泡板 t=150mm(防白蟻型)
窗戶：鋁包木窗框U值＝1.1W/m²K(三層式玻璃)、附加設備/日照取得率 0.61
玄關大門：木製隔熱玄關大門 U值＝0.99W/m²K

設備規格
供暖設備：蓄熱型柴爐＋一部分的瓦斯熱水式地板供暖設備(TONWERK LAUSEN公司製 T-ONE)
熱水供應設備：潛熱回收型瓦斯熱水器＋太陽能熱水板4m²
通風設備：第一類熱交換型通風裝置(Paul公司製造 Focus200全熱型)
照明設備：螢光燈泡＋LED
烹調設備：瓦斯爐＋瓦斯烤箱

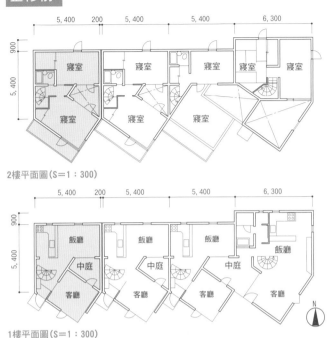

2樓平面圖(S＝1：300)

1樓平面圖(S＝1：300)

從腐朽的窗戶流進室內的水會聚集在家中最低的地方，使廚房的地板下方變成一座巨大池塘！每當房客抱怨發霉等情況時，屋主就會請人重新粉刷。最後這棟出租住宅的牆壁與地板厚度居然達到4cm，即使如此，還是沒有獲得根本性的改善。孩子也出現氣喘症狀，只要是正常人的話，應該都會有「為了家人著想，我們來蓋新房子吧！」這種想法。甚至連沒有足夠存款的人也會這樣想。

從腐朽窗框滲進室內的水會流到骨架中，然後被模板材料吸收，變成發霉的原因。在沒有充分隔熱措施的鋼筋混凝土造建築中，「如同木材那樣，由有機物所構成，而且透濕性很高的建材」大多會成為黴菌的溫床。越是看不到的地方，情況會越嚴重。

由於28年前所建造的屋頂不具備外牆隔熱技術，所以會被水淹沒。水似乎會經由外牆，滲透到木製窗框中，使木製窗框腐朽。當初，在為期2年的租屋契約書中，有「不接受關於漏雨的抱怨」這樣的記載。

這是28年前的被動式冷氣設備（？）的殘骸。此冷卻管原本應該收集北側的冷空氣，經由地板下方，把冷空氣送進室內。不過，由於地板下方被水淹沒，所以冷卻管無法發揮作用。從滿是黴菌的空間通往各個房間的供氣口已經被封住。

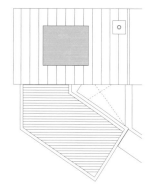

屋頂平面圖(S=1：180)

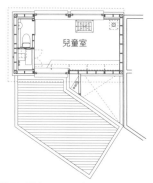

3樓平面圖(S=1：180)

2樓平面圖(S=1：180)

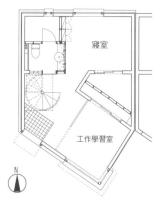

1樓平面圖(S=1：180)

我們會暫且將建築物拆成只剩骨架的狀態，然後透過「不會將振動傳到隔壁建築的方法」來切斷原本的混凝土屋簷。在照片中，我們在開口部位裝設了用十津川杉製成的木製窗框。我們在混凝土與窗框放入了會隨溫度而膨脹的緩衝墊，使其發揮防水、氣密、隔熱這些作用。玻璃的U值為0.6 W/m²K，木框的U值約為1.1W/m²K。

為了對屋簷實施外牆隔熱工法，所以我們會用木造建材來延長胸牆，然後透過吹氣工法來鋪上200mm厚的纖維素隔熱材料，接著在通風層上方進行「屋頂板金防水工程」，並製作木製露臺。如此一來，在夏季，2樓室溫的上昇程度就會大幅減少。由於在老舊的鋼筋混凝土建築中，屋頂的防水措施大多會失去作用，所以我們認為這種整修方法是非常有效率的。

根據平面圖，在一樓的地板上鋪上依照規格裁切的真空隔熱板。真空隔熱材料的熱傳導率為0.006W/mk。為了盡量確保原有建築物的天花板高度，所以我們使用了真空隔熱材料。由於我們會把鋁箔貼在真空隔熱板上，所以我們還要在上面放置焊接鋼絲網，接著將熱水地板供暖系統專用的管線固定後，再倒入黑色砂漿。我們會在組合式浴室下方以及建築物的外部結構鋪上用來當作隔熱材料的再生發泡玻璃碎石。

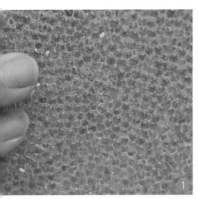

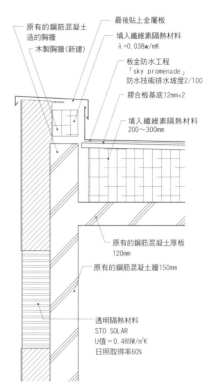

- 原有的鋼筋混凝土造的胸牆
- 木製胸牆(新建)
- 最後貼上金屬板
- 填入纖維素隔熱材料 λ＝0.038w/mK
- 板金防水工程「sky promenade」防水技術排水坡度2/100
- 膠合板基底12mm×2
- 填入纖維素隔熱材料 200～300mm
- 原有的鋼筋混凝土厚板 120mm
- 原有的鋼筋混凝土牆150mm
- 透明隔熱材料 STO SOLAR U值＝0.489W/m²K 日照取得率60%

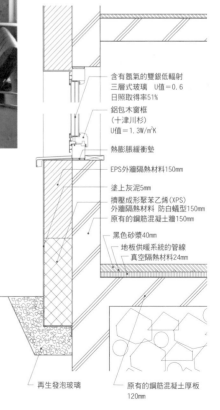

- 含有氬氣的雙銀低輻射三層式玻璃 U值＝0.6 日照取得率51%
- 鋁包木窗框(十津川杉) U值＝1.3W/m²K
- 熱膨脹緩衝墊
- EPS外牆隔熱材料150mm
- 塗上灰泥5mm
- 擠壓成形聚苯乙烯(XPS)外牆隔熱材料 防白蟻型150mm
- 原有的鋼筋混凝土牆150mm
- 黑色砂漿40mm
- 地板供暖系統的管線
- 真空隔熱材料24mm
- 再生發泡玻璃
- 原有的鋼筋混凝土厚板 120mm

剖面圖(S＝1：20)

1 2 開始進行外牆隔熱工程。貼上100～150mm厚的膨脹聚苯乙烯(EPS)後，使用定位銷來將其固定。地盤線以上300mm的部分要使用防白蟻型的保麗龍(發泡膠)。照片是我們在南側的外牆上使用透明隔熱材料的景象。這種「受到白熊皮膚的啟發而製造出來的隔熱板」的作用在於，只會在太陽高度角很低的冬季時期把熱能傳給混凝土。**3** 在鋼筋混凝土建築中，我們在重新設置開口部位時，會透過碳纖維來加強結構。**4** 從瑞士訂購的蓄熱型柴爐是陶瓷製，燃燒效率非常高。此柴爐被設置在客廳所在的2樓。即使到了隔天早上，柴爐還是會慢慢地放出熱能，連玻璃的表面都有點溫暖。透過「鋼筋混凝土結構＋外牆隔熱工法」這種組合，就能創造出很驚人的穩定輻射熱。供暖設備包含了此柴爐與1樓的熱水地板供暖系統這2種。**5** 照片是太陽能熱水板裝設在屋頂上的模樣。雖然都市天然氣會經由道路與住宅連接，不過由於我們持續採用了緊急時刻非常可靠的液化石油氣，所以在「抑制光熱費」的意義上，太陽能熱水板是不可或缺的。太陽能熱水板的節能效果當然非常高。問題在於，安裝方法的改善。

屋頂是一個能夠眺望竹林與山丘的絕佳地點。在夏季，設置在屋頂上的太陽能熱水板能夠提供大部分的熱水供應設備所需能源。為了能夠輕鬆地保養柴爐的煙囪，所以我們會透過直管來讓煙囪貫穿到屋頂。為了提昇煙囪的通風能力，所以我們採用了這種形狀的煙囪頂。

這是京都的木工使用傳統工法製作而成的木柴存放處兼自行車停車場。在冬季，我們會把必要的木柴存放在此處，使木柴變得乾燥。在木柴的原料方面，當附近有人在砍伐大樹時，我們可以從園藝業者那邊分得一些。我們要在樹木開始吸水前製作木柴，也就是說，為了能夠在冬季使用木柴，所以我們必須時常收集資訊。

這是隔熱性能很高的鋁包木窗框拉門。為了提昇1樓的熱水地板供暖系統的效率，並減少2樓的柴爐與廚房的維修次數，所以地板全都採用黑色砂漿的泥土地板。我們使用滾筒刷，在內部的牆壁天花板塗上修補用的西洋灰漿，保留了混凝土的質感。

雖然只要把小庭院封起來，將其納入室內空間的話，能源效率就會上昇，地板面積也會增加。不過，我們為了對此住宅的原始設計表示敬意，所以保留了小庭院。我們在小庭院內擺放了培育香草植物與青鱂魚的花盆，使此處成為一個非常具有療癒風格的空間。外牆採用濕式外牆隔熱工法，最後塗上了灰泥。

(上)建築物正面的左上方埋入了用來將冬季的太陽熱能傳給混凝土的「透明隔熱材料」。

(左)由於廚房的櫃檯使用的是純粹的橡木材，所以我們會定期透過胡桃油等來保護櫃檯的表面。由於胡桃油是食用油，所以可以安心使用。兼作葡萄酒架的閣樓樓梯也同樣是橡木材製成的。當初被設計成客房的閣樓空間變成了兒童室。

建築物燃料消耗率DATA

■ 建築物概要

| 建築物名稱 | 大町聯排住宅 | 實際地板面積 | 68.00 ㎡ | | 能源顧問 | P00153 |

| 建設地點 | 神奈川縣鎌倉市 | 居住人數 | 設計(1.9) | | 節能建築顧問 | 勝浦延哉 |

■ 各部位的熱損失

- 窗戶 32 W/K 38%
- 外牆 39 W/K 46%
- 通風 2 W/K 3%
- 屋頂 6 W/K 8%
- 地板 0 W/K 0%
- 地基 5 W/K 5%
- 其他 0 W/K 0%

■ 全年初級能源消耗量　明細

- 熱水供應設備 40%
- 供暖設備 6%
- 冷氣(儲熱) 7%
- 冷氣(溫熱) 6%
- 照明設備 29%
- 烹調設備 4%
- 設備 8%

※設備：通風系統、太陽能熱水器、熱水供應設備等所需的電力

■ 建築物燃料消耗率

200kWh/㎡

103.10 kWh /㎡　你的家

0kwh/㎡ 碳中和

| Q值(近似值) W/㎡·K | 1.12 | 計算條件 | 以「建築物燃料消耗率導引指南」為標準 |
| C值(近似值) ㎠/㎡ | 0.77 | 氣象資料 | 神奈川縣(鎌倉) |

DATA 2012/11/7

被動性能	每單位地板面積 [kWh /㎡·年]	整棟建築物 [GJ/棟·年]	太陽能發電 (預估值)[kWh]	建築物燃料消耗率	每單位地板面積 [kWh /㎡·年]	整棟建築物 [GJ/棟·年]
全年暖氣負荷(20℃)	23.67	5.80		初級能源總消耗量	103.10	25.24
全年冷氣負荷(27℃)	15.14	3.71	0	初級能源總消耗量 (有考慮到太陽能發電)	103.10	25.24
氣密性	1.00 次/h	—				

我們依照合用於整修的被動式節能屋認證標準「EnerPHit」的性能來進行整修的設計。結果，與整修前相比，能源消耗量變成4分之1，用暖氣負荷來評價骨架性能的話，暖氣負荷會變成15分之1。雖然透過太陽能熱水板與柴爐，可以有效率地減少初級能源消耗量，不過由於建築物的地板面積很小，所以整體的初級能源消耗量無法控制在100kWh/m²以下。在狹小的住宅中，由於每單位地板面積的節能性能無論如何都會受到熱水供應設備很大的影響，所以我們在與其他實例比較初級能源消耗量時，透過總量來比較才是合理的作法。

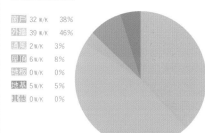

8

住宅密集地區中的理想生態住宅

建築物名稱	久木之家
建設地點	神奈川縣逗子市
建設時間	2011年
總建築面積	93.06m²
工法	木造結構工法
預算	2700萬日圓

在此實例中，此住宅的南側有其他住宅，而且地板面積狹小。由於生態住宅中的太陽能電池等設備是次要的，所以我們沒有採用，而是提昇南側的屋頂高度，以「積極取得日照」為目標。我們想要把屋頂上的豐富日照當成熱能來利用。結果，我們在二樓設置了一個很大的房間，全家人都會在該處生活。一樓是寢室與用水處。我們在樓梯的上部裝設了天窗，這樣陽光就能藉由樓梯，把玄關與走廊照亮。位於東側的陽台是內部空間的延長，在隱私權的考量下，我們把扶手牆設計得較高。在「專心提昇骨架性能，並抑制源消耗量」這一點上，此住宅有很貼切的表現。

這是為了遮蔽夏季的陽光而設置的屋簷。朝向南側的窗戶必須要有屋簷。由於屋簷會承受很大的力量，所以必須要注意安裝方式。

設計者：橘子組
施工者：山幸建設

隔熱規格
屋頂：高性能玻璃棉24K t=400mm
外牆：高性能玻璃棉24K t=220mm
地基下方：擠壓成形聚苯乙烯發泡板 t=100mm
地基直立部分：無
窗戶：鋁包木窗框U值＝1.1W/m²K、一部分為高性能樹脂窗框（三層式玻璃）、附加設備/日照取得率 0.61
玄關大門：木製隔熱玄關大門 U值＝0.99W/m²K

設備規格
空調設備：小型空調
熱水供應設備：瓦斯熱水器
通風設備：第一類熱交換型通風裝置(Paul公司製造 Focus200顯熱型)
照明設備：螢光燈泡
烹調設備：瓦斯爐

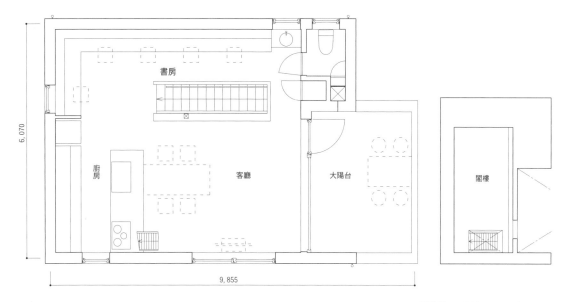

書房

廚房

客廳

大陽台

閣樓

6,070

9,855

2樓平面圖(S=1：100)　　　　　　　　　　　　　　　　　　　　　　　閣樓層平面圖(S=1：100)

除了廁所以外，2樓只有一個房間。全家人會一起在此處用餐、休息、讀書。這是非常具有整體感的設計。

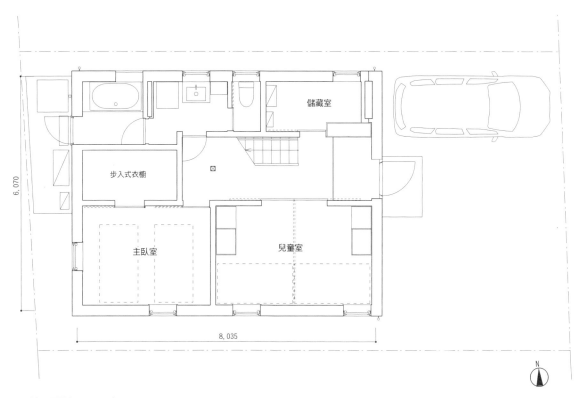

儲藏室

步入式衣櫥

主臥室

兒童室

6,070

8,035

N

1樓平面圖(S=1：100)

將來可以把寢室分成兩個房間。目前，只要沒有訪客，我們就會把拉門打開，使其變成一個房間。

在室內的隔音對策中，雖然有的人會在隔間牆中使用玻璃棉，不過，由於在生態住宅中，室溫會出現不平衡的情況，所以我們沒有對室內的隔間牆採用隔熱措施。

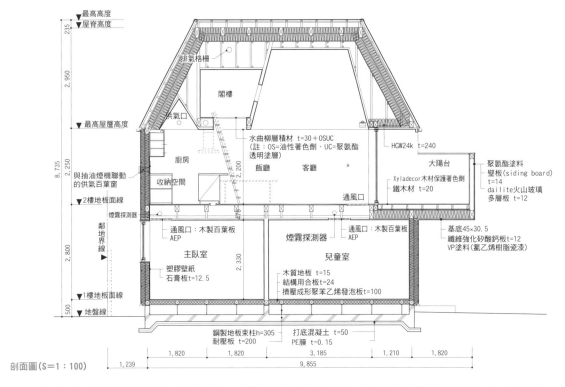

剖面圖（S＝1：100）

在設計上，我們會一邊讓住宅朝向南側，以取得日照，一邊降低東西兩側的屋簷高度，以避免日照量變得過多。如此一來，就不會給予周圍壓迫感，而且也能抑制客廳的實際空氣容積。在2樓的客廳，我們會依照住戶的生活方式來調整天花板高度。依照調整，客廳的天花板高度會比較高，辦公空間的天花板高度較低。廚房的天花板高度也設計得比較低，而且廚房上方的區域會變成儲藏室。

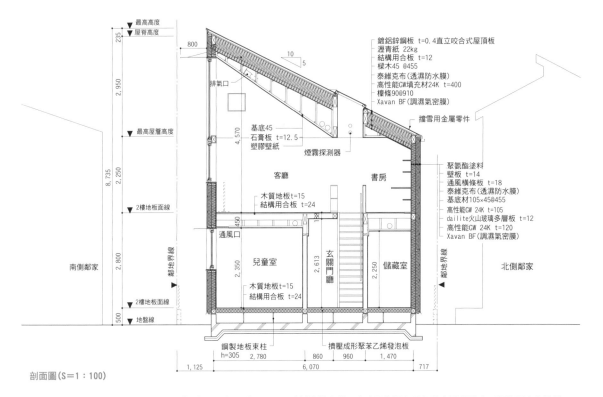

剖面圖（S＝1：100）

由於預算的關係，所以我們採用的是「地板下隔熱工法」。此工法的缺點在於，在底下為泥土地板的玄關與浴室，隔熱層會容易被切斷。

這是連接室內的外部空間。雖然此處是2樓的客廳，但我們沒有放棄戶外要素。在這個經過設計的都市環境中，我們能夠一邊顧慮到隱私權，一邊將外部環境融入住宅。為了讓室溫保持均勻固定，所以我們設置了四條通風路徑來讓空氣進行循環，而且目前正在驗證其效果。

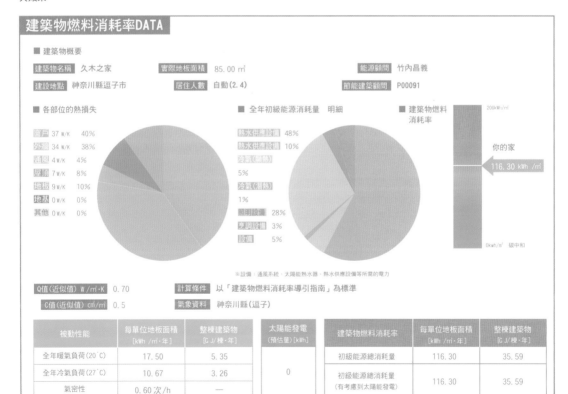

建築物燃料消耗率DATA

■ 建築物概要

建築物名稱 久木之家	實際地板面積 85.00 ㎡	能源顧問 竹內昌義
建設地點 神奈川縣逗子市	居住人數 自動(2.4)	節能建築顧問 P00091

■ 各部位的熱損失

窗戶	37 w/K	40%
外牆	34 w/K	38%
通風	4 w/K	4%
屋頂	7 w/K	8%
地板	9 w/K	10%
地基	0 w/K	0%
其他	0 w/K	0%

■ 全年初級能源消耗量　明細

熱水供應設備	48%
熱水供應設備	10%
冷氣（製冷）	5%
冷氣（製熱）	1%
照明設備	28%
暖調設備	3%
設備	5%

※設備：通風系統、太陽能熱水器、熱水供應設備等所需的電力

■ 建築物燃料消耗率

200kWh/㎡

你的家

116.30 kWh /㎡

0kwh/㎡　碳中和

Q值(近似值) W/㎡·K　0.70

C值(近似值) cm²/㎡　0.5

計算條件　以「建築物燃料消耗率導引指南」為標準

氣象資料　神奈川縣（逗子）

被動性能	每單位地板面積 [kWh /㎡·年]	整棟建築物 [GJ/棟·年]	太陽能發電 (預估量)[kWh]	建築物燃料消耗率	每單位地板面積 [kWh /㎡·年]	整棟建築物 [GJ/棟·年]
全年暖氣負荷(20℃)	17.50	5.35	0	初級能源總消耗量	116.30	35.59
全年冷氣負荷(27℃)	10.67	3.26		初級能源總消耗量 (有考慮到太陽能發電)	116.30	35.59
氣密性	0.60次/h	—				

DATA 2012/11/6

從結果來看，此住宅非常接近建設地點與地板面積都很像的「大町聯排住宅」(P126)。依照預測，想要確保這種等級的節能性能時，在30坪等級的住宅中，新建與整修的費用的差距約為1000萬日圓。

9

以「在地生產在地消費＋低燃料消耗率住宅」為目標的奈良縣十津川村建案

建築物名稱	木灯館
建設地點	奈良縣橿原市
建設時間	2012年
總建築面積	178m²
工法	木造結構工法
預算	5000萬日圓

奈良縣吉野郡十津川村是日本最大的村子。為了活用豐富的森林資源，並再次透過林業來重建村莊，所以我們決定要建設這棟「木灯館」。為了讓這棟樣品屋成為世界認證的被動式節能屋，並藉此來宣傳十津川村，所以我們進行了摸索，並想出這個透過「名為編竹夾泥牆的日本傳統牆壁結構」來確保隔熱性能與氣密性的工法。為了實現「取得冬季日照，遮蔽夏季日照」這項被動式節能屋的手法，所以我們設計了這種會讓人聯想到「用手巾等物包住頭與雙頰的打扮」的奇妙屋頂形狀。「用手巾等物包住頭與雙頰的打扮」象徵著從事初級產業者的自豪。「木灯館」的工程剛開始進行時，2011年9月15日，十津川村遭受到大規模的土石災害，水利發電廠與住宅都被沖走，情況很嚴重。由於人們也需要緊急臨時住宅，所以村子的人強烈希望用十津川材來搭建木造的臨時住宅。含有隔熱材料與雙層玻璃窗框的溫暖臨時住宅會籠罩在杉木外牆的療癒香氣中。

設計者：KEY ARCHITECTS＋福本設計
施工者：Space Mine＋柳瀨工務店

隔熱規格
屋頂：木質纖維 t=270mm
外牆：編竹夾泥牆 t=40、木質纖維 t=100mm(填充隔熱)、木質纖維板 t=40mm(附加隔熱)
地基下方：擠壓成形聚苯乙烯發泡板 t=100mm
地基直立部分：擠壓成形聚苯乙烯發泡板 t=50mm(防白蟻型)
窗戶：高性能鋁包木窗框U值＝1.1W/m²K(三層式玻璃，一部分為雙層玻璃)、附加設備/日照取得率 南側0.61 其他0.51、遮陽設備＝室外捲簾(D&M公司製)
玄關大門：木製隔熱玄關大門 U值＝0.99W/m²K

設備規格
空調設備：安裝在通風路徑中的熱幫浦式通風管空調
供暖設備：蓄熱型柴爐(TONWERK LAUSEN公司製造T-LINEeco2)
冷氣設備：小型空調
熱水供應設備：瓦斯熱水器
通風設備：第一類熱交換型通風裝置(Paul公司製造 Focus200顯熱型)
照明設備：LED＋螢光燈泡
烹調設備：瓦斯爐

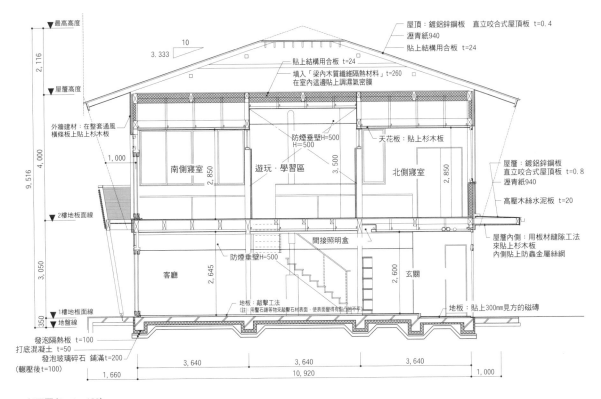

剖面圖（S＝1：120）

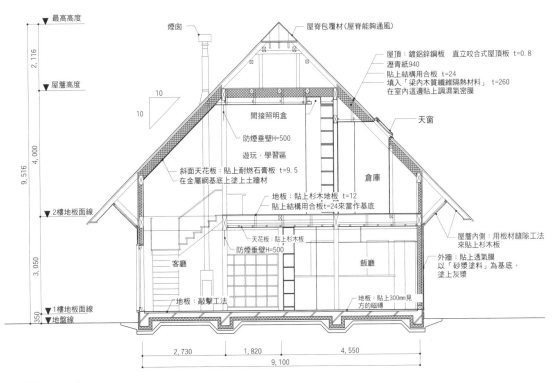

剖面圖（S＝1：120）

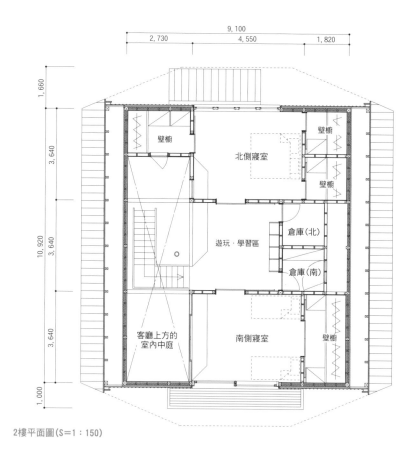

2樓平面圖(S＝1：150)

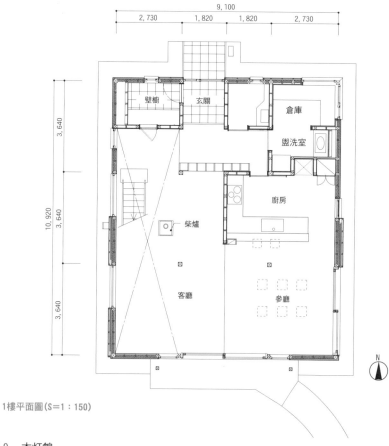

1樓平面圖(S＝1：150)

在現場可以確認到，在室內氣溫開始上昇的初夏時期，如同設計那樣，被屋簷遮住的日照會變得無法從南側的窗戶進入室內。

這是嘗試使用十津川杉製作而成的窗框。我們把直木紋密度很高的木材製成層積材，並賣到德國。此窗框的出色隔熱性能與美麗木紋受到歐洲人的高度評價。

透過高效率的蓄熱柴爐來提供暖氣給整棟建築物。木柴也是十津川村的豐富資源。

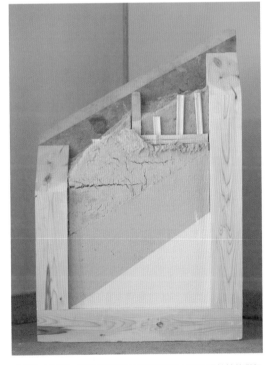

「編竹夾泥牆」這種傳統的牆壁結構擁有必要的隔熱性能與氣密性。雖然能阻擋氣流，但無法阻擋水蒸氣。

可以參觀！洽詢處：木灯館（橿原 AEON 購物中心的建地內）TEL：0744-46-9841 平日 10：00 ～ 17：00

為了讓任何人都能輕鬆地進入館內，所以一樓的地板是用敲擊工法製成的泥土地。由於外牆全都塗上了厚度4cm的土牆，所以建築物的蓄熱性能比一般的木造住宅來得高。當住宅具備隔熱性能時，蓄熱性能在夏季與冬季都能發揮作用。

為了防止夏季的日照從南側的大開口進入室內，所以我們設置了陽台與屋簷。

只有南側的玻璃採用雙層玻璃。主要的目的在於「增加冬季的日照取得量」、「避免成為沒有符合規定的消防避難逃生口的公共建築」、「減輕窗框的重量」等。

（上）這是一樓的泥土地板與土牆。柴爐被設置在中央區域。另一方面，2樓會成為一個被杉木材圍繞住的溫暖空間。

（右上）我們嘗試透過「刻意使用有節疤的杉木材來當作最外層的建材」這個方法來把建材的自然姿態展現給來館者。在結構上，連接室內中庭的格子拉門的雙面都有貼上和紙，能夠溫和地把兩個區域的溫度分隔開來。依照設想，在夏天，我們會把格子拉門打開。

（右）杉木外牆沒有進行粉刷。如果住戶能夠享受這種長期變化的話，建材本身的魅力與價值也會增加。「把縱向細長木條設置在建築物的山形牆側」這種設計被稱為「山形牆的勾連搭屋頂」。由於這項傳統自古以來就在十津川村流傳，所以建造在村子外的木灯館也採用了這種設計。

建築物燃料消耗率DATA

■ 建築物概要

| 建築物名稱 | 木灯館 | 實際地板面積 | 154.59 ㎡ | 能源顧問 | P00153 |
| 建設地點 | 奈良縣橿原市曲川町 | 居住人數 | 設計(4.4) | 節能建築顧問 | 勝浦延哉 |

■ 各部位的熱損失

窗戶	62 W/K	40%
外牆	50 W/K	32%
邊腳	13 W/K	9%
屋頂	20 W/K	13%
地板	9 W/K	6%
地基	0 W/K	0%
其他	0 W/K	0%

■ 全年初級能源消耗量　明細

熱水供應設備	36%
供暖設備	4%
冷氣(顯熱)	12%
冷氣(潛熱)	9%
照明設備	30%
烹調設備	5%
設備	4%

■ 建築物燃料消耗率

200kWh/㎡

你的家
82.62kWh /㎡

0kwh/㎡　碳中和

※設備：通風系統、太陽能熱水器、熱水供應設備等所需的電力

| Q值(近似值) W/㎡·K | 0.79 | 計算條件 | 以「建築物燃料消耗率導引指南」為標準 |
| C值(近似值) c㎡/㎡ | 1 | 氣象資料 | 奈良縣(橿原) |

被動性能	每單位地板面積 [kWh /㎡·年]	整棟建築物 [G J/棟·年]	太陽能發電 (預估量)[kWh]	建築物燃料消耗率	每單位地板面積 [kWh /㎡·年]	整棟建築物 [G J/棟·年]
全年暖氣負荷(20℃)	19.22	10.70	0	初級能源總消耗量	82.62	45.98
全年冷氣負荷(27℃)	22.74	12.66		初級能源總消耗量 (有考慮到太陽能發電)	82.62	45.98
氣密性	1.21 次/h	―				

DATA 2012/11/7

由於在性質上，此建築是樣品屋，事實上不會產生熱水需求，因此在預算的考量下，我們沒有採用當初計畫中的太陽能熱水器。考慮到土牆與泥土地板的蓄熱性能後，我們盡量使用木質建材來增強骨架性能，以確保此住宅擁有非常接近被動式節能屋的性能。被動式節能屋研究所的費斯特博士說過：「藉由重新認識日本的傳統工法與設計，日本的溫暖地區的節能住宅型態就會擁有自己的特色，而且這種技術也會變得能夠傳播到亞洲各國。」

10

在溫暖的四國地區實現「既節能又健康的辦公室」兼「可以體驗住宿的設施」。

建築物名稱	松山被動式節能屋
建設地點	愛媛縣松山市
建設時間	2012年
總建築面積	258.32m²
工法	木造結構工法
預算	4000萬日圓

這是日本第一棟可以同時當作辦公室與住宿設施的被動式節能屋。四國的松山是比較溫暖的地區，8月的平均最高氣溫為31.6℃，2月的平均最低氣溫為1.9℃。我們之所以會在此地要求被動式節能屋的性能，只是因為建造於此地區的住宅的節能性能很低。由於住宅中很冷，所以從北海道或東北來到松山的人在返回故鄉前，會罹患感冒。這種令人笑不出來的現象很常見。為了改變這種現狀，我們做出了判斷，認為「能夠讓大家實際體驗這一點，並了解到其重要性的樣品屋」是必要的，並開始進行被動式節能屋的計畫。在地理條件方面，如果周圍完全沒有建築物的話，會比較容易制定「取得與遮蔽日照的計畫」。由於我們必須設法遮蔽西邊的陽光，所以我們採用「在西側與南側的一部分開口部位裝設室外百葉窗」這個方法。供暖設備不僅只有柴爐，我們還會利用地板供暖設備與熱水供應設備的輔助熱源。我們期待這座設施今後能夠成為一項契機，並讓非常節能的住宅持續在這個據說很溫暖的地區普及。

設計者：plan libre
施工者：Architect Studio Pure

隔熱規格
屋頂：木質纖維 t=300mm
外牆：木質纖維 t=100mm(填充隔熱)、木質纖維 t=100mm(附加隔熱)
地基下方：膨脹聚苯乙烯(EPS) t=100mm(防白蟻型)
地基直立部分：膨脹聚苯乙烯(EPS) t=100mm(防白蟻型)
窗戶：高性能鋁包木窗框U值＝1.1W/m²K(三層式玻璃)、附加設備/日照取得率 南側0.61 其他0.51
玄關大門：木製隔熱玄關大門 U值＝0.99W/m²K

設備規格
空調設備：安裝在通風路徑中的熱幫浦式通風管空調
供暖設備：蓄熱型柴爐(Olsberg公司製造 Tolima Aqua Compact)
冷氣設備：小型空調
熱水供應設備：透過「瓦斯熱水器＋柴爐」來進行熱交換
通風設備：第一類熱交換型通風裝置(Paul公司製造 Focus200)
照明設備：LED＋螢光燈泡
烹調設備：瓦斯爐

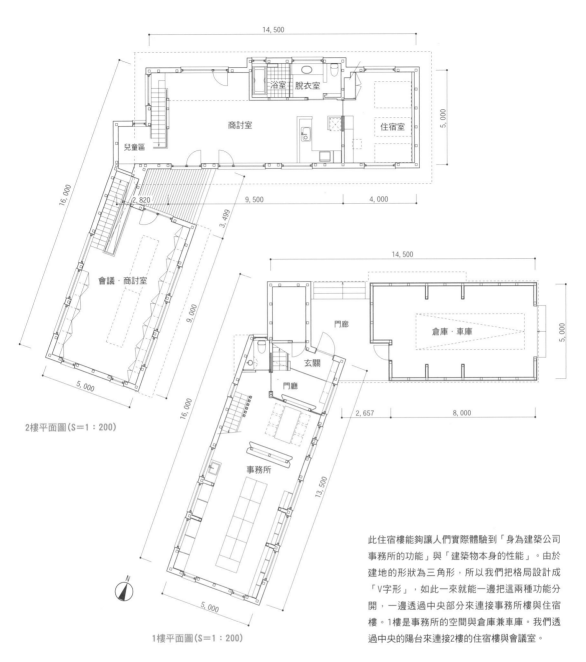

2樓平面圖(S＝1：200)

14,500

5,000

浴室
脫衣室

商討室

住宿室

兒童區

16,000

2,820

9,500

4,000

3,499

會議·商討室

9,000

5,000

1樓平面圖(S＝1：200)

14,500

門廊

玄關

倉庫·車庫

5,000

門廳

2,657

8,000

16,000

13,500

事務所

N

5,000

此住宿樓能夠讓人們實際體驗到「身為建築公司事務所的功能」與「建築物本身的性能」。由於建地的形狀為三角形，所以我們把格局設計成「V字形」，如此一來就能一邊把這兩種功能分開，一邊透過中央部分來連接事務所樓與住宿樓。1樓是事務所的空間與倉庫兼車庫。我們透過中央的陽台來連接2樓的住宿樓與會議室。

住宿樓的外牆貼上了沒有粉刷的杉木板。在長期變化下，杉木板會變成銀色。藉由讓「橫貼在牆上的板材的水平剖面」產生坡度，就能改善排水。南側的屋簷突出部分為80cm。屋簷會遮蔽夏季日照，並會積極地把冬季日照引進室內。

我們直接依照屋頂的斜度，在住宿樓的天花板貼上杉木板，並在牆壁塗上灰漿。地板使用的是沒有粉刷的橡木材，此處成了一個被自然建材圍繞住的空間。在此環境中，我們可以看到窗外的池塘、河川、山稜線等豐富景色。雖然此處是住宿樓，但我們平常會把這裡當成「與客戶商討房屋設計事項的空間」。在進行商討時，無論是什麼季節，無論是白天或晚上，我們都能讓客戶實際感到此住宅的性能。這一點也是此住宅的優點。

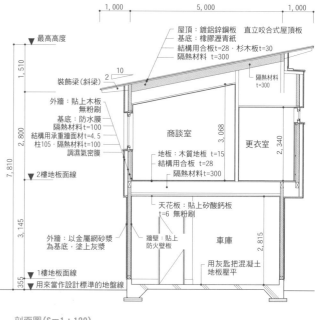

剖面圖(S＝1：120)

可以參觀！洽詢處：Architect Studio Pure　TEL：089-976-3131

柴爐是德國Olsberg公司的產品。柴爐會連接位於其他房間的熱水儲存槽。在熱水儲存槽內，「藉由柴爐的熱能而變熱的水」會與「地板供暖設備的管線、熱水供應設備的自來水」進行熱交換。一樓的事務所空間的地板下全部都有裝設地板供暖設備的管線。我們在通風系統中裝設了熱幫浦，而且還能藉由「讓經過熱交換後的空氣通過散熱器」來使室外空氣變冷或變暖。將來我們預定要在屋頂裝設5kWh的太陽能發電設備。依照發電計畫，計算結果會一口氣轉為「正能源」。

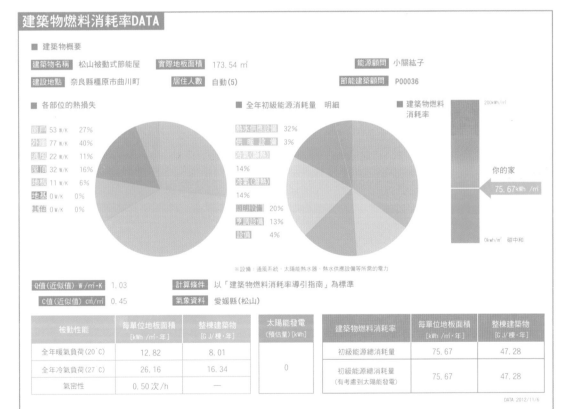

雖然建築物形狀並不小，但在建築物的功能方面，此住宅能夠透過適當的隔熱性能與遮陽措施來謀求「減少空調負荷」這個目標。正是因為地點位在溫暖的松山地區，所以此住宅才能擁有「Q值＝1.0」這種與被動式節能屋相同的性能。由於柴爐可以同時被當成熱水鍋爐來使用，所以我們能夠很有效率地減少初級能源總消耗量。依照計畫，將來設置太陽能發電設備時，此處就會成為符合正能源屋規格的住宅。

11

由於建地形狀為「南偏西45
度」，所以冬寒夏熱。
難度最高的被動式節能屋。

建築物名稱	福岡被動式節能屋
建設地點	福岡縣福岡市
建設時間	2011年
總建築面積	157m²
工法	木造結構工法
預算	3500萬日圓

這是一棟專為住宅密集地區設計的木造住宅。由於建地面向「南偏西45度」，所以當南側的開口部位較大時，就無法在夏季發揮遮陽功能。如果不採取「安裝窗簾或室外百葉窗」等能夠遮蔽垂直日照的萬全措施的話，夏季的節能計畫就會失敗，並會成為性價比非常差的設計樣式。我們的對策為，在大部分的「朝向東南、西南、西北的大開口部位」裝上室外遮陽設備。在結構方面，我們使用宮崎縣的杉木來進行木造結構工法（一部分為「金屬零件工法」）。柱子用的是依照「150mm×105mm」這個規格來裁切的長方形剖面木材。為了彌補木造結構所缺乏的蓄熱性能，所以我們在室內貼上石膏板時，全都會貼兩片，藉由較低的成本來提昇蓄熱性能。

設計者：SIZE＋KEY ARCHITECTS
施工者：樋渡建設

隔熱規格
屋頂：玻璃棉板32K t=300mm
外牆：玻璃棉板32K t=150mm（填充隔熱）＋玻璃棉板32K t=80mm（附加隔熱）
地基下方：擠壓成形聚苯乙烯發泡板t=100mm
地基直立部分：擠壓成形聚苯乙烯發泡板t=50mm+50mm（防白蟻型）
窗戶：高性能鋁包木窗框U值＝1.1W/m²K（三層式玻璃）、附加設備/日照取得率 南側0.61 其他0.51 遮陽設備＝室外捲簾（D&M公司製）
玄關大門：木製隔熱玄關大門 U值＝0.99W/m²K

設備規格
空調設備：安裝在通風路徑中的熱幫浦式通風管空調
冷氣設備：小型空調
熱水供應設備：潛熱回收型瓦斯熱水器＋太陽能熱水板4m²
通風設備：第一類熱交換型通風裝置（Paul公司製造Focus200）
照明設備：LED
烹調設備：瓦斯爐＋電烤箱

雖然我們採用了地基隔熱工法，不過由於地板收尾工程用的是硬木地板(有上塗料的產品)，因此，我們為了盡量提昇地板的輻射溫度，所以合併使用了地板隔熱工法。為了裝設太陽能熱水板與太陽能發電板，所以我們擴大了南面的屋頂面積，並在北側設置了天窗。為了使此住宅將來能夠安裝太陽能發電設備，所以我們在外牆設置了空的管線。

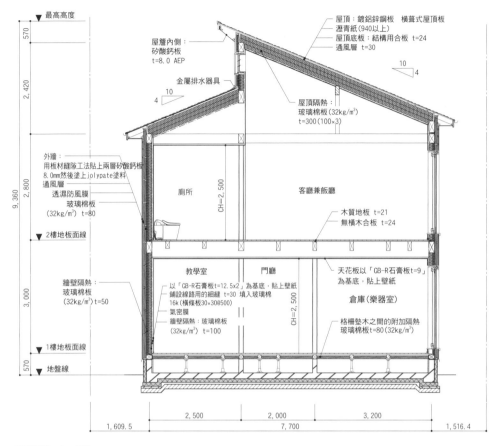

剖面圖(S＝1：100)

這些是裝設在「朝向西南方與西北方的窗戶」上的室外捲簾。深色型的捲簾可以遮蔽70％以上的陽光，而且從室內也能清楚看到室外的景色。

這是用來在夏季進行通風與採光的高側窗。由於窗戶是內開式，所以即使外面下著小雨，也能使用。

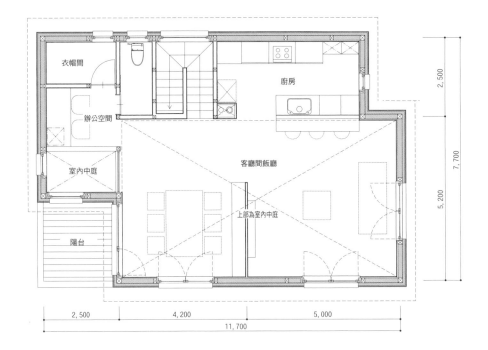

衣帽間

辦公空間

室內中庭

陽台

廚房

客廳間飯廳

上部為室內中庭

2,500　　4,200　　5,000

11,700

2,500

7,700

5,200

2樓平面圖(S＝1：120)

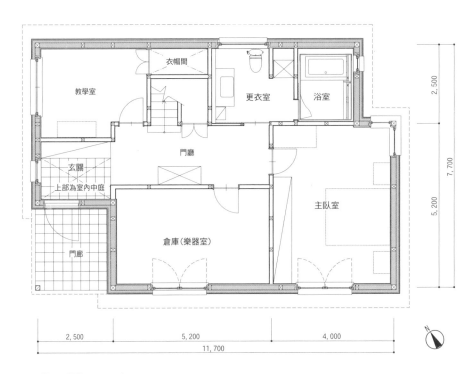

教學室

衣帽間

更衣室

浴室

門廳

玄關

上部為室內中庭

主臥室

倉庫(樂器室)

門廊

2,500　　5,200　　4,000

11,700

2,500

7,700

5,200

N

1樓平面圖(S＝1：120)

雖然我們會在熱交換通風裝置的路徑上裝設空調專用的熱幫浦，但是由於關於冷氣的耗能計算並沒有這樣就結束，所以我們會另外分別在一樓與二樓各裝設一台小型空調。由於二樓的客廳兼飯廳的空氣容積很大，上下樓之間容易產生溫差，所以屋主自己可以在換季時，依照「在夏天，依照3：7的比例來調整一樓與二樓的吸氣風量，冬天的比例則相反，變成7：3」這種方式來調整風量。

建築物燃料消耗率DATA

■ 建築物概要

| 建築物名稱 | 福岡被動式節能屋 | 實際地板面積 | 137.53 ㎡ | | 能源顧問 | 勝浦延哉 |
| 建設地點 | 福岡縣福岡市 | 居住人數 | 設計(4) | | 節能建築顧問 | P00153 |

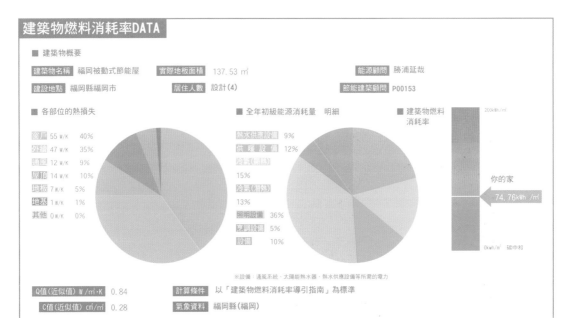

■ 各部位的熱損失

窗戶	55 W/K	40%
外牆	47 W/K	35%
通風	12 W/K	9%
屋頂	14 W/K	10%
地板	7 W/K	5%
地基	1 W/K	1%
其他	0 W/K	0%

■ 全年初級能源消耗量　明細

熱水供應設備	9%
供暖設備	12%
冷氣(排熱)	15%
冷氣(排熱)	13%
照明設備	36%
空調設備	5%
設備	10%

※設備：通風系統、太陽能熱水器、熱水供應設備等所需的電力

■ 建築物燃料消耗率

200kWh/㎡

你的家

74.76kWh /㎡

0kwh/㎡　碳中和

| Q值(近似值) W/㎡·K | 0.84 | 計算條件 | 以「建築物燃料消耗率導引指南」為標準 |
| C值(近似值) ㎠/㎡ | 0.28 | 氣象資料 | 福岡縣(福岡) |

被動性能	每單位地板面積 [kWh /㎡·年]	整棟建築物 [GJ/棟·年]	太陽能發電 (預估量)[kWh]	建築物燃料消耗率	每單位地板面積 [kWh /㎡·年]	整棟建築物 [GJ/棟·年]
全年暖氣負荷(20 C)	14.18	7.02		初級能源總消耗量	74.76	37.01
全年冷氣負荷(27 C)	27.87	13.80	0	初級能源總消耗量 (有考慮到太陽能發電)	74.76	37.01
氣密性	0.33 次/h	—				

DATA 2012/11/6

藉由太陽能熱水器的貢獻，我們能夠很有效率地降低熱水供應設備所需的能源。冷氣設備的初級能源消耗量之所以比供暖設備來得高的原因在於，我們會透過同樣的高效率熱幫浦來使用空調設備。知道「如果像以前那樣，透過煤油暖爐或電暖爐來提供暖氣的話，即使在九州地區，暖氣的耗能也會比冷氣大」這一點的人並不怎麼多。

大家來談論生態住宅吧！

先累積基礎，再以性能為目標，自由地建造生態住宅吧！

編輯：市川幹朗　攝影：金井惠蓮

在日本的住宅業界中，人們會因為一開始就決定規格而迷失了節能的本質。在《生態住宅的謊言》（日經BP社出版）這本著作中，學者前真之先生透過資料闡明了矛盾之處。我們試著向前真之先生詢問了「如何才能建造出真正節能的生態住宅」這一點。除了為本書執筆的竹內先生與森女士以外，我們也邀請到曾經參與設計「山形生態住宅」的建築師馬場先生來參加這場議論。

生態住宅的基礎是「理所當然」的事情

馬場：由於我們三個人都跟「山形生態住宅」（參閱P110）有關聯，所以我們一定要聽聽前先生對此住宅的評價。

前：由於我以前曾寫過《生態住宅的謊言》這本書，所以我也許會被當成一個全面否定生態住宅的人（笑），但事實並非如此，我認為「山形生態住宅」很棒喔。去參觀「山形生態住宅」的學生一回來後，就立刻開心地說「我終於找到了真正的生態住宅」。確實，在建造住宅時，只要能夠做得那麼徹底的話，即使沒有能源可以使用，人還是可以在裡面生活下去。因為其性能相當於避難所。

前真之先生。東京大學研究所工學研究科副教授，專攻科目為建築學。以熱水供應設備、空調設備、通風設備為主，把住宅的能源消耗率視為研究的一環，並調查了全國各地的生態住宅的環境、能源消耗率，精通日本的環保建築。

馬場：關於「設置室內中庭」這一點，你覺得如何？

前：由於該住宅確實擁有高隔熱性能與高氣密性，而且會透過熱水散熱器來提供穩定的暖氣，所以即使有室內中庭，也不會出現「上下溫差很大」等問題。由於牆壁建造得很堅固，所以即使看了室溫變動的圖表後，還是會覺得宛如另一個世界。在「Q值為$2.5\sim2.9W/m^2 \cdot K$，而且沒有確保氣密性」的普通住宅中，室內中庭的溫度不均情況會變得相當明顯。

竹內：真不愧是前先生，透過圖表就能了解到那是不同的世界（笑）。雖然我們拚命地說明該處有多麼舒適宜人，但一般人還是很不容易理解。因為照片照不出舒適度，而且一般人即使看了圖表，也無法理解。

前：我們只要拍攝熱影像（紅外線熱影像圖），就能了解到，當隔熱性能與氣密性越好時，顏色就會越均勻，看起來很無趣。當住宅有很多空隙，隔熱性能與氣密性不佳時，紅色與藍色等顏色就會形成迷幻色調，看起來很有趣（笑）。我認為環保建築不普及的原因跟「能夠讓人們了解環境狀態的方法非常有限」這一點也有很大的關係。雖然有人曾經說過「只要在裡面生活，就能得知該住宅是否是一棟好的住宅」，不過光靠那樣，是很難推廣環保建築的。因此，我認為「把『性能不佳的住宅的驚人熱影像』拿給一般人看，使一般人一眼就能了解到『我討厭這種住宅。認真地去思考住宅的性能吧！』」應該也是有效的方法吧！在《生態住宅的謊言》這本書中，我也察覺到「要如何把理所當然的事寫得有趣」這一點。

竹內：試著參與「山形生態住宅」這個建案後，我覺得「理所當然的事情」是很重要的，並認為累積了那些「理所當然的事情」的綜合性概念就是生態住宅。「屋簷的長

度、如何透過天窗來讓浮力通風的風流動」等大多都是我們平常就會注意到的事，而且出乎意料地基本。

前：對，就是「理所當然的事情」喔！不知道為什麼，建築師就是不懂這一點。只要好好說明的話，學者和決策者都會了解，就連一般人也會了解。最不了解這一點的人就是建築師（笑）。所以，我要回到剛才提到的普及問題。最近，有的建築師會採取「家中的可用空間很寬敞」這種說法。有的人認為，由於沒有溫差，所以不會產生「不想去的地方」。有的人認為，要設法用言語來表達好處。大家都在為這一點傷透腦筋。

依照「只要最後的數值合格即可」這一點來自由地設計‧施工

馬場：森女士是中途才參與「山形生態住宅」這個建案的，試著參與後，妳覺得如何？

森：這個嘛，由於我加入時，投標已經結束了，所以這次我是以顧問的立場來參與這個建案。從那個階段開始，我會想說我能做些什麼。我概略地實際進行一次計算，並算出牆壁與窗戶的目標數值後，我發現到「工法的合理化」、「設計方所受到的限制」等問題，並如同「這裡很難」、「那麼，此處如果這樣做的話」那樣，開始與竹內先生交換意見，竹內先生告訴我，他很享受交換意見的過程。我覺得最初的效果在於，只要我們別說出「這裡一定要這樣做才行」這類指責的話，而是把自由度傳達給對方的話，建築師也能一起感受到樂趣。

馬場：森女士原本所從事的工作就是「以那種立場來進行節能設計」對吧！

森：我在德國所學到的是「完全開放所有工法，並讓總性能達到目標值」這種風格。我們擁有「如果那裡比較難處理的話，則透過其他部分來彌補，只要能夠確保最後的性能即可」這種自由度。

馬場：在施工方面，妳覺得如何？

森：工程監理是最難的工作呀！雖然這也許是一般的傾向，不過對於工務店來說，在到目前為止的「節能工程」中，他們在設置太陽能發電板等所謂的節能機器時，沒有進行過隔熱工程與氣密工程的經驗。我清楚地了解到，他們對於隔熱材料只有「只要從上面貼上石膏板，東西就會變得看不見」這種程度的認識。說起來，現場監工人員

森美和女士。KEY ARCHITECTS負責人。曾在歐洲參與「節能建築設計」長達10年。回國後，創立一般社團法人「PASSIVE HOUSE JAPAN」，在國內努力推廣「節能建築設計」，主要對象是工務店等施工者。

是無法說服工匠的。在山形的工地現場，由於實在沒有辦法，所以我借了氣密膠帶與裁切器，迅速地實際示範「窗戶周圍的氣密措施」給大家看。於是，在那之後，大家終於開始願意聽我的話（笑）。

西側的原則是防禦。如果要開窗的話，就要在外側做好遮陽措施

前：由於機會難得，所以稍微聊聊設計的話題應該也無妨吧！（笑）。你們要如何說明「山形生態住宅」中的那個三角形部分（參閱P110）呢？由於建築當然不能全靠環境績效來決定，所以不能一概而論。雖然我知道這個道理，但我還是覺得該處有點過於顯眼。即使看了照片，大多都是該處的照片，沒有南側的照片。因此，我認為該處大概是最重要的建築物正面吧！我覺得，把南側設計成更有影響力的造型應該也是一個不錯的方法。

竹內：當我們在思考要如何藉由「讓住宅正對南方」來建造「面向道路的部分」時，結果我們就設計出了這個三角形。不過，在熱環境方面，該處的性能的確是比較弱。

前：我認為「斜向地設置」是很重要的。由於開發商總是會想要讓住宅朝向道路，所以大部分的建地都不會正對南方。因此，在沒有朝向南方的建地中，「如何設法讓建築

馬場正尊先生。Open A負責人、東北藝術工科大學副教授。與竹內先生等人一起參與多項節能住宅計畫，負責山形縣「奧爾塔納之屋」（參閱P116）的設計。

物朝向南方」這一點會變得很重要。對於一般人來說，重要的方位果然還是南方，而非西方，對吧！「照片大都是西側的照片」就代表，在說明時，必須特別注意才行。

竹內：的確是如此呢！如果只考慮到「從道路這邊所看到的建築物正面」的話，果然就會在不知不覺中想要裝設大窗戶。由於這裡的景色很棒，所以我們想要設置窗戶。事實上，在這棟「山形生態住宅」完工後，三浦先生在附近蓋了一間住宅（「House-M」參閱P118）。雖然在用來表示住宅性能的Q值方面，「山形生態住宅」很出色，但「House-M」卻比較涼爽。「House-M」的西側沒有裝設大窗戶。我深深地了解到，由於在地形上幾乎沒有差異，所以西邊的陽光會帶來很強烈的熱能。

前：不能讓西邊的陽光進入室內對吧！

森：當我們基於預算考量而刪除室外百葉窗的時候，空調負荷就上昇了相當多喔！雖然我們急忙地在西側裝上低輻射隔熱玻璃，並在內側裝上蜂巢簾，以遮蔽陽光，但性能還是不及室外百葉窗。

前：原來如此，有發生過那種事啊！蜂巢簾有成為氣密設備嗎？

森：我們沒有裝設窗軌。

前：咦，只要裝上窗軌，並將其當成氣密設備的話，就會相當有效喔！

竹內：不過，我們無論如何都很討厭那種橫向的窗軌喔（笑）！

前：沒錯，建築師都很討厭那種東西。縫隙果然還是要塞住才行。

森：不過，「由於即使裝了窗軌，氣密性也沒有提昇，所以在冬天會稍微打開窗戶下部，以防止結露現象，而且無法達到預期的隔熱性能」這種例子也是存在的對吧！

前：正是如此。不過，在遮蔽夏季日照方面，即使有裝設窗軌，成效還是有限。

馬場：也就是說，想要在西側設置窗戶時，室外百葉窗是最好的選擇對吧！

前：以性能來說，是那樣沒錯。不過，在日本，卻出乎意料地困難。因為氣候條件很嚴苛。以現實條件來看，應該會選擇竹簾吧！畢竟每年都打算更換。雖然遮陽器具還有很多種，不過在西側陽光的照射下，我認為材質的退化速度會變快。因此，我認為成本也很便宜的竹簾比較符合現實考量。最好的方法就是不要設置窗戶（笑）。

森：在關東地區的話，如果想看見富士山的話，大多都得在西側設置窗戶吧！如果既想要看富士山，又想要遮蔽西側陽光的話，就得設置窗戶與室外百葉窗，成本也會加倍。

前：沒錯。由於竹簾的缺點在於「無法確保視野」，所以我們也必須設法克服這一點。以前，我的學生所幫忙設計的OM Solar太陽能住宅中，人們曾做了「裝上縱向的百葉窗，只確保想要看的方向的視野，並遮蔽西側的陽光」這樣的設計。依照條件，我們應該也能夠只確保富士山方向的視野吧！

透過肉眼難以理解的「光環境」
輕柔的明亮環境是理想的光環境

馬場：雖然現在聊的是西側的問題，但在東側的話，基本上，也可以採取相同的觀點嗎？

前：由於東側是朝陽，所以我認為有的觀點一樣，有的觀點不同。在一天當中，黎明的溫度最低，太陽能供暖設備也來不及發揮作用。我覺得在這個時候，「讓朝陽明顯地照進室內，透過『直接日照蓄熱法』來提昇溫度」這種方法會成為意想不到的輔助供暖設備。所以，只要能夠善用朝陽的話，朝陽就是有意義的。

馬場：那麼，北側要如何設計呢？

前：來自北側的陽光是最棒的。只要在高處設置天窗來當作開口部位，就能獲得穩定的光線。

馬場：在光線的考量下，位於北側的客廳也是可行的嗎？

竹內：要視建地條件而定。如果位在住宅密集地區，或是北側有很好的景色的話，位於北側的客廳也許是可行的。

前：「能夠確保多少玻璃性能」這一點很重要喔！

馬場：據說，只要能夠確保性能的話，在北側設置大型開口部位也是可行的。

前：不，「大型開口部位是否為最佳選擇」這個問題要另當別論（笑）。基本上，我是反對大型開口部位的，我認為目的比大小來得重要。窗戶具有通風、採光、眺望等各種作用對吧！為了進行通風，最起碼要把「容易打開」當作前提。由於玻璃很重，所以尺寸越大的話，就會越難打開。因此，依照目的來思考窗戶的尺寸是很重要的，我覺得我們應該捨棄「單純比較窗戶尺寸」這種想法。

馬場：你覺得天窗如何？我認為原則上要設置在北側。

前：這一點是原則，第二重要的是傾斜度。這是因為，即使位在北側，如果天窗裝設在坡度很緩的屋頂上的話，到了夏季，照進室內的陽光還是相當多。大林組的總公司大樓的北側有一個很大的天窗，天窗經過非常縝密的計算，陽光絕對不會直接照進室內。不會遭到陽光直射的輕柔光環境才是最棒的對吧！

不要依照風格，而是要依照土地的氣候來思考住宅型態

竹內：不過，如果想要獲得熱能的話，南側的窗戶就必須要達到某種程度的尺寸才行。

前：想要兼顧熱能與光線是很困難的對吧！雖然我們也正在研究這一點，但還是很難取得兩者的平衡。以熱能來說，太陽的直射光可以有效減少供暖費用，不過以光線來說，是過於強烈的。畢竟直射光的照度為10萬勒克斯（lux）。

馬場：在現階段，有什麼指標可以用來表示「南側的牆壁與窗戶的平衡」嗎？

前：由於兩者的平衡會受到隔熱性能影響，所以不能一概而論。我認為，當住宅性能到達Q1等級時，如果窗戶不小的話，情況就會很不妙。這是因為，如果窗戶太大的話，

進入室內的日照量就會過多，並可能引發過熱現象。

森：當性能到達那種等級時，就必須慢慢地提昇蓄熱性能。玻璃的隔熱性能一旦提昇，日照取得率就容易下降，在德國等地，人們會裝設相當大片的玻璃。當然只限於預算足夠的建築。

前：正是如此。只不過，由於德國的天氣大多不好，所以我認為德國人會為了大量地取得有限的日照而加大窗戶尺寸。在日本，由於太平洋側的日照量相當多，所以很難採取相同的觀點。基本上，首先還是要確實地建造牆壁，並設置小型窗戶。雖然在型態上，稍微偏重於防禦，不過在大部分的情況下，此型態才是正確的。不過，由於光是那樣的話，會很無趣，所以有時也要採取進攻的姿態。也就是說，透過大型窗戶可以達到什麼目的呢。不過，由於「採取進攻的姿態」代表「計畫落空的風險也會增加」，所以我們必須更加謹慎。舉例來說，如果我們在「冬季幾乎沒有日照的日本海側」設置大型開口部位，並一直等待不會出現的日照的話，果然還是很不妙。重點在於，不要依照風格，而是要依照土地的氣候來思考。

竹內：也就是說，由於日本包含了各種氣候，所以生態住宅會在各地形成各種型態。

前：沒錯。因此，如同森女士所說的那樣，我希望大家能夠訂立一個目標數值，並朝著此目標進行各種挑戰。

竹內昌義先生。橘子組、東北藝術工科大學教授。曾出版《核電廠與建築師》（學藝出版社發行），並以建築師的身分，積極地持續對能源問題提出看法。

竹內：在那種意義上，森女士的活動的有趣之處在於，給予技術指導的對象不是建築師，而是在地區紮根的工務店。在該地區努力奮鬥的工務店會採用不輸給其他公司的技術。與建築師的研究方法不同，那是具有通用性的技術對吧！其中一點就是「訂立目標數值，並朝目標努力」。最後，普通的木匠就能創造出驚人的高性能數值，像是「C值為0.2cm²/m²」之類的數值。

前：其實，政府是想要取消「規格規定」的。不過，一旦取消的話，「不知道該怎麼做才好」這種抱怨就會蜂湧而至。因此，關於現行法規，我不認為一律都是政府的錯。因為有需求，所以才會變成那樣，任何事情都是如此。

森：在我那邊也能聽到「請決定規格吧！」這種意見，我會硬是不做出決定，並跟對方說「請自己去想」。我會請對方透過平常慣用的材料與詳細圖來想出「工匠最容易施工，費用低廉，而且能夠達成目標數值」的方法。如此一來，有趣的點子就會不斷地出現，並隨意地持續進化。

前：那才是原本應有的狀態對吧！舉例來說，現在，雖然「節能標準的義務化」的議題持續地有所進展，不過那其實是一個非常消極的議題。我稍微問了其他人後，由於是義務化，所以大家覺得都很重要，不過當我問到「大家能夠達成什麼程度的目標」時，這個話題就變成是在「探聽最低底線」。當然，也有人會透過義務化的配套措施來進行引導，或是追求高等級的性能。

「讓大家努力去做出更好的東西」這一點是非常重要的對吧！

在夏天，採取「不要讓冷空氣流失」的想法在冬天，穩定地提昇溫度

馬場：稍微來聊聊空調的話題吧！在「山形生態住宅」中，透過一台空調設備就能設法維持性能。我們要如何去尋找適當的思考方向呢？

前：由於猛烈的炎熱夏日是存在的，所以我不會全面否定冷氣設備。不過，我認為「要降溫時，就要讓整間屋子都變涼」是很奇怪的想法。像是「透過設置在室內中庭的那台空調，不管過了多久，2樓的寢室也不會變涼，所以睡不著」之類的想法。既然那麼在意空調的消耗電力的話，「只在真的很熱的時候，設法使用隔板把房間變小，然後只讓該處變涼快」這個方法應該會比較好吧！我原本就不怎麼期待風的效果。如果住宅的前方或側面蓋了某棟建築

物的話，風向立刻就會改變，當風吹進室內時，將其視為一件幸運的事會比較好。

竹內：只要建造堅固的牆壁，讓室外溫度不會那麼容易進入室內的話，在天氣相當炎熱時，室內還是能夠保持舒適的溫度對吧！

前：沒錯。在夏季的白天，避免讓炎熱的空氣進入室內是很重要的。許多人看過類似「山形生態住宅」那樣的住宅後，最常見的感想就是「夏天似乎很熱」。不過，如果我們在隔熱性能那麼高的住宅中確實進行夜間排熱的話，情況會變得如何呢？「把夜晚的冷空氣引進室內，降低室內溫度，在白天也不要讓那些冷空氣流失」這種與一般觀點相反的作法也是存在的。只不過，很遺憾地，在「山形生態住宅」中，並無法充分地完成夜間排熱(笑)。當人在睡覺時，或是不在家時，住宅內並沒有能夠事先打開的開口部位。

竹內：不，開口部位是可以事先打開的，不過由於該住宅會當成事務所來使用，所以基於安全上的考量，無法事先將開口部位打開。

馬場：冬季的供暖問題要怎麼處理呢？

前：供暖問題很難處理呀，我也還沒找到答案。如果有「能夠透過超低溫來逐漸進行加熱的方法」就好了。因此，我認為如同「山形生態住宅」那樣，裝設散熱器，只在早上透過木質顆粒鍋爐來輸送熱水也是方法之一。特別是在寒冷地區，生物質是可行的。不過，沒有什麼好機器(笑)。

竹內：的確如此(笑)。也有人會覺得，既然那樣的話，乾脆就用柴爐好了。

前：如果沒有經過確實的設計的話，使用柴爐時，也會遇到一些難題呀。供氣口與通風管也都必須另外好好設計，煙囪的長度也必須夠長才行。外表看起來越簡單，處理起來越困難喔！

生活者與設計者所追求的目標是什麼呢？

馬場：包含「住宅空間的使用方式、生活方式」在內，你對一般使用者有什麼期望嗎？

前：所謂的「兼具高隔熱性能與高氣密性」還真是有趣。在日本，政府會想要提倡這一點，使其普及，但我認為這一點原本就是居民、使用者應該提出的要求。設計者與工務店也是因為建築物持有人強烈地要求說「我希望你們能

建造這樣的住宅」，所以才無法拒絕對吧！在目前的情況中，符合次世代節能標準的住宅還不到一半。也就是說，大部分想要建造住家的人都不在意熱環境。他們所在意的都是其他的事情。

森：只要有裝設燃料電池或太陽能設備等「高科技機器」的話，還是能夠讓人產生「高性能住宅」的感覺對吧！「智慧型住宅」這個名稱聽起來就很響亮。而且，許多商品的研發都是以「忙碌的生活」為前提。像是「打掃很輕鬆，只需簡單操作就能完成」之類的宣傳詞。

前：那種情況也許接近「買車子的感覺」。只要加裝很多配備的話，就會成為「好車」。不過，我認為「住宅基本性能」指的是：是否能夠擁有「像樣的生活」。我的學生去了瑞士後，看到當地的生活，並感到很驚訝。在瑞士，人們會在早上七點前往公司，傍晚四點回家。而且，據說，「趁天還很亮時，全家一起外出用餐」是最令人開心的事情。如果過著那樣的生活的話，應該也會稍微認真思考家中的事吧！也就是說，不要「在半夜回家，並打開一堆燈」，而是要「在天色變暗前回家」。如此一來，我認為蓄電之類的事就會變得無所謂。

馬場：那麼，你對設計者與施工者有什麼樣的看法呢？

前：日本人有一種「想要把任何事情都搞得很含糊不清」的傾向。在設計當中，則會稱為模糊界線或中間地帶對吧！不過，我覺得那種情況大多都會成為半途而廢的例子。以兼具高隔熱性能與高氣密性的住宅來說，當牆壁這種堅固的屏障完成時，設計者在此時已經不能再說含糊的話，而是必須清楚地做出決定。我認為，既然已經嚴密地完成了那麼多生產技術的話，就要負責將那些技術結合在一起，並讓一切變得能夠進行說明。

竹內：的確如此。具體上來說，就是要去思考「要做到什麼程度才好」這種目標。我認為，在東京依照「我們在山形所完成的那種等級的性能」來做是沒有意義的。另一方面，以基本性能來說，次世代節能標準還是太低了，不足以當作領跑者標準。

前：在溫暖地區說到Q值的話，次世代節能標準是2.7，不過我還是希望Q值至少能夠低於2.0W/m^2・K。隔熱性能要提昇到什麼程度，溫熱環境才會產生劇烈變化呢？我們不能只注重節能，也必須去尋找「溫熱環境會開始產生劇烈變化的界線」。

森：在第IV地區，只要設備能夠好好地支援的話，即使Q值為1.6W/m^2・K，也能達到良好的平衡。我覺得，如果只是

單純比較Q值的話，反而會產生誤解。

前：正是如此喔。因此，即使有標準，也不能一概而論。

報酬率管制法是諸惡的根源。
日本的節能情況會因為電價調漲而改變

馬場：最後，在東日本大地震發生後，在日本，只要有人高呼電力不足的話，大家就會熱烈地討論關於能源的議題。關於日本的能源政策與節能，如果你有什麼想法的話，請告訴我們。

前：就我個人而言，當我看到日本的現實情況時，我認為「大幅提昇家庭用能源的費用」的風險是很高的。不過，對於節能來說，這也是一個機會。石油危機以後，每當能源價格下降時，節能技術就會變得派不上用場。由於運作成本原本就很便宜，所以即使減少一些運作成本，也無法彌補增加的初期成本。隔熱・氣密等技術雖然能帶來舒適的生活，但在經濟上不划算，所以普及程度有限。能夠大幅改變這種情況的可能性出現了。也許現在就是改變歷史潮流的時刻。能源業者的態度也許也會持續改變。在美國加州，人們採用的方法叫做「結合法」，會事先決定「銷售額＋利潤」。因此，對電力公司來說，當「電力賣不好」時，燃料成本就會下降，並形成「利潤」。那邊的電力公司會熱心地舉辦適合建築師參加的節能建築設計研討會，而且也會呼籲一般家庭進行節電。在日本的現狀中，由於報酬率管制法造成了各種問題，所以情況似乎相當艱難。不過，包含「經濟原理與能源供應方的變化」在內，社會情勢應該會成為環保建築的一大助力吧！

馬場：原來如此。最後的話題雖然稍微超越了個人範疇，不過，我認為今後每個人的意識與面對節能問題的態度都會變得很重要。以「提供建築設計的建築師」的立場來說，我們今天也學到了很多。感謝你參加這次的長時間座談。

結語

擺脫「電力依賴症」

我希望大家能夠注意到「有很多人都想要讓我們染上電力依賴症」這一點。「全電化的宣傳活動」與「深夜電力折扣」等也都是其中一環。當我們染上電力依賴症後，由於我們的生活中如果沒有大量電力的話，就無法維持生活水準，所以我們會害怕停電，並變得不得不肯定核電廠。由於企業與家庭都會使用很多電力，所以對於經濟成長而言，「穩定地供應便宜的電力」這一點是不可或缺的。而且，人們還會因為「核電可以減碳」等莫名其妙的理由，突然對電力依賴症改變態度。人們為了消除最後剩下的不安，所以會勸自己說「連政府都說核電是安全的」、「畢竟推行核電是國家政策」。我們認為過去的日本人大多依循此種模式來思考，你覺得如何呢？

無論如何，以電力公司為首的「贊成依賴電力派」的企業與媒體、核電推行派的政府在過去已經透過各種方法來對日本國民洗腦。2009年，我從歐洲回來時感到最驚訝的事情就是，一般消費者很傻，而且大多數，應該提出節能住宅方案的有識之士也沒有「將消耗的能源換算成初級能源」這種想法。而且，在311以前的日本，「對於減碳來說，核電是不可或缺的。核電與原子彈完全不同，是很安全的」這種主張可說是橫行無阻。明明這種忽視「真正含義上的可持續性」的減碳觀點，明顯是一種本末倒置的想法。接著，地震發生後，當大家開始認真地關心節能問題，拒絕電力依賴症，並認為應該改用可再生能源時，卻又聽到「為了經濟發展，核電是不可或缺的」這種話。核電一旦再次運作，舊式的火力發電廠就會停止運作。大家都逐漸開始懷疑此種無視輿論的強硬作法。人們開始思考：「事實上，電力不是足夠嗎？核電的成本真的很便宜

嗎？這種盲目的體制能夠保障安全性嗎？」

在建築師松尾和也的安排下，筆者在2010年曾與環境能源政策研究所（ISEP）所長飯田哲也先生見過面。至今，我仍清楚記得飯田先生當時說過的話。「日本的有識之士缺乏對於低耗能的理解。『能源等於電力』這種想法太愚蠢了。我在瑞典看到的被動式節能屋真的既舒適又出色，與此相比，日本的住宅品質實在很差，而且會不停地浪費能源。」飯田先生嘗試透過可再生能源來增設「正瓦特發電站」，身為建築師的我們則會透過被動式設計來減少「建設時所浪費的能源」，也就是要增設「負瓦特節電站」。在「盡量讓日本的廢核運動變得有利」這個意義上，我強烈地感受到兩者所追求的目標是相同的。

311之後，雖然人們動不動就會大聲提出核電比例與自然能源的議題，不過基本議題終究還是節能。實際上，在2012年夏天，儘管核電廠幾乎沒有運作，但我們還是順利地渡過難關的原因在於，許多國民與企業都採取「透過忍耐來節能」這種作法。不過，節能並非只有「透過忍耐來節能」這種作法。「即使不忍耐，也能有效節能」這種作法也是存在的。此作法的代表性例子就是「具備良好隔熱性能與氣密性的被動式建築」。在P13中，我們介紹了「藉由住在溫暖的住宅中，每人每年平均可以減少約1萬日圓的醫療費用」這項調查結果。以1億人來看，就是1兆日圓，依照保險費負擔比率來退還部分金額的話，就相當於4兆日圓的國家預算。由於這裡面並不包含「透過節能措施而節省下來的燃料費」，所以實際上所節省的金額會大幅超越此數字。即使核電廠停止運作時，據說火力發電廠一年

會增加3兆日圓的成本，但我們還是能夠了解到這一點有多麼重要。我希望大家能夠事先了解到「更健康且舒適的節能方法」是存在的。

為了讓更多建築師與一般民眾了解「負瓦特節電站」的建造方式，所以我們寫了此書。負瓦特節電站的建設並不簡單，光靠一知半解是無法實現的。當建築物完成時，還要留意很多看不見的部分。對於想要繼續販售過去的住宅設備的廠商來說，這種住宅是最不利的。這種住宅只要沒有裝設顯眼的設備的話，就會非常樸素，而且似乎也不會進行宣傳。不過，關鍵要素在於空氣的品質。明明是節能住宅，但住戶卻會覺得身體比以前舒服，溫度的品質也不同，即使停電，也能夠應付炎熱與寒冷的天氣。這種節能措施會直接與「生活品質與安全的提昇」產生關聯。我們想要提出的就是這種「具有附加價值的節能方法」。只要有更多人能夠接受這種觀點的話，整個城市的節能計畫就會持續進展。

我希望大家看完此書後，能夠從電力依賴症的束縛中獲得解脫，並在今後徹底遵守「不要透過電力來取得不必要的熱能」這項規定。藉由遵照這項觀點，我們就能讓「在發電站產生龐大能量損失而製造出來的電力」這種高品質的能源，維持高品質的狀態，並愛惜地使用這些能源。另一方面，我們也會以「簡單地透過『發電時所產生的廢熱（其數量約為發電量的2倍）或生物質』等來供應低品質的能源」這一點為目標。「既然日本人那麼喜歡泡澡，那為什麼要用電力來煮熱水呢？」這是2012年1月，德國的交通部長拉姆紹爾（Ramsauer）來參觀「鎌倉被動式節能屋」（P122）時，首先向我詢問的問題。這個例子確實說明了「以世界觀點來看，日本的常識是不合常理的」這一點。用電力來製造熱能其實是一件很誇張的事情，有如用電鋸來切奶油（艾默立‧羅文斯的話）。

有的人會主張「核電廠支撐著日本的經濟」這一點。不過，在311之前，日本社會真的很富裕嗎？我們想要認真去思考能夠透過「比以前更少的能源」來創造「比以前更富裕的生活」的方法，並認為這種提案並非不切實際與不負責任的行為。我們想要取回曾淪為經濟效率的犧牲品的健康、幸福、寬裕生活。我們齊心協力完成了此書。如同會不斷持續擴散的多米諾骨牌效應那樣，你的選擇與你發表的意見必定會對你身邊的其他人產生影響。而且，目前在日本全國各地，有很多人的意見都與你相同。所以，你的意見會對社會產生很大的貢獻。我希望在震災屆滿兩周年的明年春天，「核電0%計畫」能夠成為日本的一般常識。我們絕對不應該忘記許多在震災中失去寶貴性命、健康、自己居住的土地、夢想的民眾們的遺憾之情。

作者簡歷

竹內昌義(Masayoshi Takeuchi)

1962年出生於神奈川縣鎌倉市。東京工業大學研究所碩士課程修畢。

1989～1991年，任職於workstation一級建築師事務所。1991年，創立

竹內昌義工作室。1995年，共同創立橘子組。2000～2007年，擔任東北

藝術工科大學建築·環境設計學系助理教授。2008年，擔任同大學的教

授。

主要著作為《住宅區改造計畫/橘子組的整修目錄》(2001/INAX出版)、

《POSTOFFICE—辦公空間改造計畫》(2006/TOTO出版)、《看不見的震

災》(2006/美鈴書房)、《未來的住宅/碳中和住宅的教科書》(2009/

basilico出版社)(以上為合著)、《核電廠與建築師》(2012/學藝出版

社)等。主要作品包含了「NHK長野播放會館」、「愛知萬博豐田集團展

示館」、「伊那東小學」、「丸屋花園」、「最上町的老人特殊照護中

心」(以上為橘子組)、「山形生態住宅」、「House M」等。

森美和(Miwa Mori)

1977年出生於東京都。橫濱國立大學工學院建築系學士建築學課程

修畢。1999年，以德國學術交流會的研究獎學生的身分前往德國的

ILEK，在Werner Sobek與Frei Otto的身邊研究雙層空氣膜結構。取得

德國斯圖加特工科大學建築學系Diploma學位。2000～2004年：Mahler

Guenster Fuchs Architekten GmbH 斯圖加特(德國)。2004～2008年：

Bucholz McEvoy Architects Ltd. 都柏林(愛爾蘭)。2008～2009年：

MosArt Ltd. 威克洛(愛爾蘭)。2009年回國後，創立KEY ARCHITECTS。

2010年，創立非營利型一般社團法人PASSIVE HOUSE JAPAN。2010年，

擔任東北藝術工科大學客座教授。主要著作為《建造符合世界基準的

「好房子」》(2009/PHP出版)。主要作品包含了「使用『製作香腸用的

聚醯胺管』製作而成的裝置藝術"Prisma"」、「鎌倉被動式節能屋」、

「磯子之家」、「木灯館」等。

參考文獻

『エクセルギーと環境の理論』
宿谷昌則著，井上書院刊

『日本版グリーン・ニューディールへの提言』
井上敦著，NPO法人ソーラーシティ・ジャパン/クラブヴォーバン刊

『自立循環型住宅への設計ガイドライン』
　国土交通省国土技術政策総合研究所・独立行政法人建築研究所監修
一般財団法人　建築環境・省エネルギー機構刊

TITLE

大師如何設計：最節能的生態綠住宅

STAFF

ORIGINAL JAPANESE EDITION STAFF

出版	瑞昇文化事業股份有限公司
作者	竹內昌義　森美和
譯者	李明穎
監譯	大放譯彩翻譯事業有限公司

編輯	大西正紀／mosaki
封面・內文設計	ASYL(佐藤直樹＋德永明子)
DTP	ユーホークリエイト
插圖	YAA、岡崎製圖、A&W DESIGN

總編輯	郭湘齡
責任編輯	王瓊苹
文字編輯	林修敏　黃雅琳
美術編輯	謝彥如
排版	六甲印刷有限公司
製版	大亞彩色印刷製版股份有限公司
印刷	桂林彩色印刷股份有限公司

戶名	瑞昇文化事業股份有限公司
劃撥帳號	19598343
地址	新北市中和區景平路464巷2弄1-4號
電話	(02)2945-3191
傳真	(02)2945-3190
網址	www.rising-books.com.tw
Mail	resing@ms34.hinet.net

| 本版日期 | 2014年12月 |
| 定價 | 380元 |

國家圖書館出版品預行編目資料

大師如何設計：最節能的生態綠住宅 / 竹
內昌義, 森みわ作；李明穎譯. -- 新北市：
瑞昇文化, 2014.02
160面；18.2*25.7　公分

ISBN 978-986-5749-22-4(平裝)

1.綠建築 2.建築節能 3.生態工法

441.577　　　　　　　　103000242